内蒙古财经大学实训与案例教材系列丛书

丛书主编 金 桩 徐全忠

环境地学实验指导

王 静 牟艳军 主 编

中国财经出版传媒集团

经济科学出版社

Economic Science Press

图书在版编目（CIP）数据

环境地学实验指导/王静，牟艳军主编 . —北京：
经济科学出版社，2020.4
（内蒙古财经大学实训与案例教材系列丛书）
ISBN 978 – 7 – 5218 – 1513 – 9

Ⅰ . ①环…　Ⅱ . ①王…②牟…　Ⅲ . ①环境地学 –
实验 – 高等学校 – 教材　Ⅳ . ①X14 – 33

中国版本图书馆 CIP 数据核字（2020）第 067651 号

责任编辑：于海汛　陈　晨
责任校对：隗立娜
责任印制：李　鹏　范　艳

环境地学实验指导

王　静　牟艳军　主　编

经济科学出版社出版、发行　新华书店经销

社址：北京市海淀区阜成路甲 28 号　邮编：100142

总编部电话：010 – 88191217　发行部电话：010 – 88191522

网址：www. esp. com. cn

电子邮箱：esp@ esp. com. cn

天猫网店：经济科学出版社旗舰店

网址：http：//jjkxcbs. tmall. com

北京财经印刷厂印装

787 × 1092　16 开　12 印张　270000 字

2020 年 5 月第 1 版　2020 年 5 月第 1 次印刷

ISBN 978 – 7 – 5218 – 1513 – 9　定价：48. 00 元

（图书出现印装问题，本社负责调换。电话：010 – 88191510）

（版权所有　侵权必究　打击盗版　举报热线：010 – 88191661

QQ：2242791300　营销中心电话：010 – 88191537

电子邮箱：dbts@ esp. com. cn）

《环境地学实验指导》
编写组成员

主　编：王　静　牟艳军

副主编：周树林　张晓娜　王　慧　魏晓宇
　　　　关海波　王　珊　李文龙　那音太
　　　　周春生　乌　兰　迟文峰

参　编：张文娟　崔秀萍　周春生　龚　萍

前　　言

　　根据高校培养实践型和应用型人才的需求，内蒙古财经大学资源与环境经济学院教师结合多年环境地学实验教学的经验，编写了《环境地学实验指导》一书，进而加强学生对其理论知识的实践操作和应用能力。

　　本书将环境学、地理学课程中的主要实验结合起来，内容包括内蒙古财经大学资源环境信息系统实验室常用仪器的介绍、环境空气污染物的测定实验、水环境监测实验、土壤环境监测实验、生态环境监测实验以及环境地学的实验案例，在内容编排上采用了独立的部分编写，每个实验项目都具有相对完整性和独立性。本书适用于资源与环境经济专业、人文地理与城乡规划专业以及自然地理与资源环境专业。

　　为了便于学生理解，我们在实验指导书中插入了大量亲自示范的实验操作和实验室仪器的照片。在介绍实验仪器时，为了更贴合实验操作流程，引用了相关实验室仪器的说明书，在此说明。另外，部分监测和测定实验参考了相关书籍和文献，在此向环境地学实验研究的专家们致敬。

　　由于编者水平有限，书中可能会存在不妥之处，希望各位老师、同学和读者批评指正，再次表示衷心感谢。

目 录
CONTENTS

第一章　绪　论

第一节　实验教学的意义

环境地学是以人—地系统为研究对象，研究人—地系统的组成、结构、发展变化规律，以及地球环境系统中物质循环、能量转化、信息传递过程及其相互联系的学科。环境地学一是通过观察区域环境的组成和结构获得其"属性"；二是通过监测区域环境中的物质能量过程及机理，建立相关的"指标体系和标准"；三是通过综合比较分析，解释区域环境的功能变化特征，确立相应的环境变化的"阈值"，以达到从整体上把握区域环境与人类活动相互作用的规律；四是利用现代科学技术监测化学元素、污染物在地球环境系统中的迁移与转化、驻留与富集、活化与分散的动态过程及其规律性。因此，环境地学研究必须立足于野外调查和定位观测，再结合室内实验分析和实验模拟，运用综合比较研究法和相关分析研究法，才能从宏观和微观的角度把握环境系统过程与功能的时空分异规律。

环境地学属于环境科学的分支学科之一，环境类的许多专业或课程都是以实验为基础的。例如，环境监测、环境评价、环境规划、环境管理、污染源控制、环境工程等，而环境地学涉及的环境是由大气圈、水圈、岩石圈、土壤圈、生物圈组成的地球环境系统，因此，环境地学实验是一个涉及了多门学科、多种元素且相互交叉、相互融合的实验。

环境地学是环境科学和地理科学的交叉学科，因而其实验同时具有两个学科的特点。如大气环境监测既要包括地理科学中常规的气象要素的监测方法，还要有污染气象学中各种污染物（SO_2、NO_2、大气沉降颗粒）的监测方法；水环境监测既要包括水文环境的监测，还要包括水体环境污染物的监测，如 PH、浊度、溶解氧等；土壤环境监测既要有常规的土壤理化性质的监测，如土壤水分、土壤养分等，还包括土壤中污染元素的监测，如土壤重金属、土壤有机污染物等；生态环境监测中既要有野外的植物、动物的监测知识，还要有生物学中植物光合作用的测定。因而环境地学实验综合了环境学和地学两个方面的基础实验。

实践是创新的源泉，实验教学具有直观性和操作性的特点，可以将学习的理论知识充分运用到实践中去，有助于加深学生对所学知识的理解，使专业知识得到凝练和升华。环境地学实验可以培养学生观察问题、分析问题和解决问题的能力，提高学生理论联系实际、综合运用知识的能力，提高动手和创新能力。环境地学实验课应该在自然地理学、环境监测、环境影响评价等专业基础课程讲授完成后进行，可以让学生结合已学知识，设计学年论文、毕业论文或者申请校级课题，为"双创"型、复合型人才的培养奠定坚实的基础。

第二节　实验教学目的

加深对环境化学、环境监测、环境工程等课程所学理论知识的理解；掌握常用水质、大气、土壤等环境要素的监测方法；掌握常规采样仪器、分析仪器的原理及使用方法；了解各种指标的意义。

通过设计性实验，学生可以了解如何进行实验方案的设计，并初步掌握环境实验研究方法和基本测试技术。同时学生可以掌握实验数据的整理、分析、处理技术，包括如何收集实验数据、如何正确地分析和归纳实验数据、运用实验成果验证已有的概念和理论等。

第三节　实验教学要求

一、预习实验

为完成好每个实验，在课前必须回顾已学的理论知识，同时认真阅读实验教材，清楚地了解实验目的、实验原理，熟悉实验要用到的相关仪器，准备实验需要的试剂、材料和相关记录表格，明确实验步骤和注意事项，初步判断出预期结果。

二、实验设计

对于环境地学实验来说，实验设计是实验研究的重要环节，是获得理想实验结果的基本保障。在实验教学中，首先需要明确实验的目标，确定实验设计方案，让学生明确不同的实验设计会影响实验的结果。

三、实验操作

学生实验前应仔细检查实验设备、仪器仪表是否完整正常，实验药品和试剂是否齐全，实验时要严格按照操作规程认真操作，仔细观察实验现象，精心测定实验数据并详细填写实验记录。实验结束后，要将实验设备和仪器仪表恢复原状，将实验室环境整理干净。学生应注意培养自己严谨的科学态度，养成良好的工作学习习惯。

 四、实验数据处理

通过实验取得大量数据以后，必须对数据做科学的整理分析，去伪存真、去粗取精，细致地分析实验数据，从而得到正确可靠的结论。

 五、编写实验报告

将实验结果整理编写成一份实验报告，是实验教学必不可少的组成部分。这一环节的训练可为今后写好科学论文或科研报告打下基础。实验报告应独立完成，包括下述内容：明确实验目的和实验原理，掌握实验仪器和步骤，观察与记录实验现象，处理实验数据，讨论与分析结果问题。

对于分小组完成的实验项目，要提交小组实验报告。在实验过程中和全部实验结束后，由小组长主持全组总结、讨论、交流经验，完成小组实验报告。其内容应包括实验计划、实验日志、观测记录、事故分析、失败原因、计划执行情况评估、对每个学生的评估、实验收获、技能提高等。小组实验报告是锻炼学生团队精神、合作意识，提高综合素质的一个重要而有效的教学环节。

第四节 实验教学考核

实验教学考核是对教学效果进行评估，保证教学质量，不断改革教学内容与方法的重要手段，也是对学生学习效果、知识掌握程度、能力和素质提高程度评估的重要教学环节。实验课教学考核与其他理论课不同，应针对实验课教学内容、方法与规律，探索实验课的考核方法。其考核的内容应包括：

1. 对理论知识的应用能力。

2. 对实验现象的观察能力，分析问题、解决问题的能力。

3. 工作态度、学习态度、团队合作精神，语言交流能力、提出问题能力、动手能力。

4. 实验方法、实验结果表达是否正确，实验预习报告、实验报告的正确性、完整性。

针对不同的实验课，实验方法和内容不同。应确定一个量化考核评分指标体系，便于更加客观公正地对实验课教学进行考核，如表1-1所示。

表 1-1 实验考试评分细则

评分项目	评分内容	评分	姓名				
一、预习报告	1. 项目齐全（名称、目的、器材、原理简述、步骤及自拟数据表格）	10 分					
	2. 目的明确、器材选用正确、原理正确、简明扼要、步骤正确、表格合理	5 分					
二、回答问题	由教师提 1~3 个问题或学生抽题回答	15 分					
三、实验操作	1. 步骤正确，操作方法符合规范	30 分					
	2. 数据监测合理、真实、读取正确	15 分					
四、实验报告	1. 书写整洁规范	5 分					
	2. 数据处理正确，有误差分析	10 分					
	3. 有实验小结或思考题回答正确	10 分					

第五节　实验安全

　　环境地学实验包括各种化学原料和物理现象等各个领域。同时，环境地学实验室经常会在高压、高温、带有辐射、易燃易爆的环境条件下开展科研工作。在这种环境中，安全问题是重中之重，最大限度上保证实验室的安全最为重要。实验室的环境安全直接影响实验人员的人身安全。为了实验人员的安全健康，要求实验人员进行实验之前熟练掌握实验相关事项，避免不必要的危险发生。确保实验室中的剧毒药品、化学危险品、电源、化学气体等可能引发安全事故的相关事项处于安全状态，并逐步建立起一套完善有效的应急管理体系。

一、资源环境监测实验室安全管理制度

　　资源环境监测实验室是教学、科研的重要场所，在做实验时要始终贯彻"安全第一"的思想，确保人员和设备的安全。

　　1. 危险化学品的安全管理工作由分管安全工作的院领导统一领导、实验室主任负责，并落实到具体的实验室管理人员。

　　2. 新生上第一堂实验课，必须对学生进行实验安全教育并宣讲《学生实验守则》。

　　3. 经常教育学生严格按实验程序和仪器设备的操作要求进行实验，不听指挥者停止实验。

　　4. 用电要指定专人管理，资源环境监测实验室要配备消防器材，如灭火器，并放在妥当地方，下班时要关好电源开关和门窗。

5. 实验技术人员及保管人员要检查仪器、仪表的完好、安全情况，及时维修有故障的仪器仪表，防止事故发生。

6. 实验室人员不准用电炉取暖、烧水、做饭。

7. 非实验人员不得随意进入实验室，严禁私人物品放入实验室。

8. 资源环境监测实验室的钥匙只能由实验室保管员、实验教师和资源环境监测实验室主任配有，其他人员不得配制钥匙。

9. 违章操作、玩忽职守、忽视安全而酿成火灾、被盗、贵重仪器损坏等重大事故，要按学校有关规定对事故责任者做严肃处理，对隐瞒事故真相的从严处理。

 二、资源环境监测实验室学生实验守则

1. 学生必须按时参加实验课，不得迟到早退，迟到 15 分钟者，不得参加本次实验。

2. 实验前必须做好预习，明确实验内容、目的、方法和步骤。

3. 学生进入实验室必须衣着整洁，不得穿拖鞋及背心进入实验室。严禁高声喧哗、吸烟、随地吐痰和吃零食，不得随意动用与本实验无关设备。

4. 实验预习准备就绪后，经指导教师检查同意后，方可进行实验。学生在实验中应严格遵守仪器设备操作规程，认真观察和分析，如实记录实验数据，独自分析实验结果，单独完成实验报告，不得抄袭他人实验结果。

5. 实验中要爱护仪器，注意安全，凡违章操作，不听教师指挥而造成事故，损坏仪器者，必须写出书面检查，并按有关规定赔偿损失。

6. 实验中若发生仪器故障或其他事故，应立即停止操作，并报告指导教师，待查明原因或排除故障后，方可继续进行实验。

7. 实验完毕应及时关闭电源开关，并将仪器设备、工具等整理好放回原位，请指导教师检查同意签字后，方可离开实验室。

8. 应按时完成实验报告，凡实验报告不符合要求者，必须重做。

三、资源环境监测实验室规则

1. 实验室必须保持肃静、文明、整洁的工作环境和良好秩序。

2. 在实验室进行的教学、科研工作必须纳入计划，统一安排。

3. 使用仪器设备，必须严格遵守操作规程和使用登记制度。如违章操作出现责任事故应及时报告。

4. 非实验室人员未经许可不得进入实验室，不得动用实验室的仪器设备，若校外单位需要在实验室做实验，需经主管部门同意。

5. 加强科学管理，完善管理制度，结合本实验室情况制定仪器设备和器材的维护、保养、使用细则。

6. 严格执行实验室仪器设备采购管理制度，各种仪器应建立明细账，并做到账物相符。

7. 贵重仪器设备必须做到专人管理，定期检查和维护。

8. 实验室人员必须坚守工作岗位，切实做好防火、防水、防盗等安全工作。实验结束后将所使用的仪器、设备及器皿等清洗、擦拭后放回原处，实验区域打扫干净，填写相关使用记录。

第二章　资源环境监测实验室仪器设备简介

第一节　实验室介绍

　　内蒙古财经大学资源与环境经济学院的实验室（见图 2 - 1）有仪器设备 200 台/套，仪器设备总值 800 余万元。其中，资源环境监测平台 240 平方米，资源环境信息系统数据中心 60 平方米，共有设备及软件 200 余台/套，教学教具和野外调查及采样设备近 30 件/套。实验室管理制度健全、组织完善、人员配备合理。从事实验室管理、教学的专职、兼职教工 14 人。经过几年的建设，已具备一定的规模和基础的实验能力。同时，资源环境信息系统实验室是资源与环境经济学院支撑所有专业实践教学的实验室。

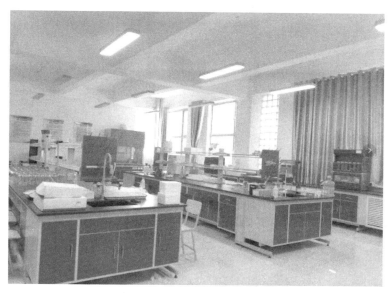

图 2 - 1　资源环境监测实验室

资源与环境经济学院成立时，学校已投入资金进行实验室前期基础建设，目前实验室占地面积420平方米，基础教学仪器设备、教材、教学体系以及教学软件等已初步成型。正在探索建立适应我国创新型人才培养需要、符合资源与环境经济学教学规律的实践教学新体系。目前已经建立了一支以中青年教师为主的学历高、职称结构合理、业务素质好、经验丰富、责任心强的师资队伍，对提高我校资源与环境经济学院的教学质量和总体教学水平起到了积极的作用，同时为培养学生创新能力提供了优良的环境。

第二节　实验室主要仪器设备介绍

目前资源环境监测实验室有仪器设备200台/套，本实验指导书介绍32台经常使用的仪器设备的使用方法和操作注意事项，以供参考。

 一、ASD 便携式光谱仪

ASD 便携式光谱仪（见图2-2）主要是用来测量地表沉积物、土壤、植物、水体和人工目标在400~2500nm波段范围的反射率和透过率，利用探测到的地物吸收特征对目标进行成分识别，并定量化地物的化学组分。ASD 便携式光谱仪的使用方法和注意事项如下：

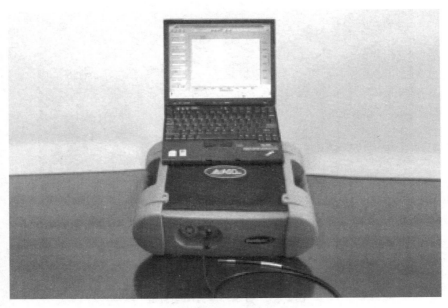

图 2-2　ASD 便携式光谱仪

（一）操作方法

1. 准备工作。

（1）安装适当的镜头或其他附件，准备好白板；

（2）依次打开光谱仪和计算机电源，并启动相应 RS3 软件，光谱仪需要预热 15 ~ 20 分钟后，方可实施测量操作；

（3）在软件上选择相应的镜头并调整光谱平均、暗电流平均和白板采集平均次数；

（4）在软件中选择或填写需要存储数据的路径、名称和其他内容。

2. 相对反射率测量。

（1）开机，打开 R3 软件，确认是否联网；

（2）打开【Control】菜单的【Spectrum Save】选项，设置参数；

（3）打开【Control】菜单的【Adjust Configuratio】选项，设置参数；

（4）将光谱仪（安装或者未安装镜头）对准白板；

（5）点击【OPT】图标，优化光谱仪的积分时间；

（6）点击【WR】图标，光谱仪会自动重新采集暗电流，几秒钟之后界面上显示一条反射率数值为 1.00 的平直线；

（7）按空格键存储当前的光谱曲线（白板），按下空格键后能够听到提示音；

（8）把光谱仪光线瞄准目标地物，此时界面上显示的就是相对反射率光谱线；

（9）按空格键存储当前的光谱曲线（目标地物），按下空格键后能够听到提示音。

3. 辐亮度测量。

（1）开机，打开 R3 软件，确认是否联网；

（2）打开【Control】菜单的【Spectrum Save】选项，设置参数；

（3）打开【Control】菜单的【Adjust Configuration】选项，设置参数；

（4）将光谱仪（安装或者未安装镜头）对准白板；

（5）点击【OPT】图标，优化光谱仪的积分时间；

（6）点击【DC】图标，消除暗电流；

（7）点击【RAD】图标，选择【Radiance】；

（8）按空格键即存储测量得到的辐射度光谱（白板）；

（9）将镜头移到测量目标上；

（10）按空格键即存储测量得到的辐射度光谱（地物）。

（二）野外光谱观测注意事项

1. 测量时应选择晴朗无云的天气进行，风力不能超过 5 级，对作物测量时风力不能超过 3 级。为确保所测光谱数据尽量反映目标本身的光谱特性，减小太阳光散射的影响，测定时间选在当日北京时间 11：30 ~ 13：30 之间。

2. 进行光谱仪优化和参照白板校正时，人应该面向阳光，使日光从前方照射，以保证白板上不会产生任何阴影。在保证白板上不会产生任何阴影的同时，光谱仪与参照白板的距离不宜过大，否则很难保证参照白板能够充满光谱仪探头的整个视场。

3. 对目标地物实施光谱测量时，光谱仪方位必须和进行参照白板校正时的光谱仪方位一致，否则为无效测量。

4. 天气较好、光线比较稳定时，每隔 10～15 分钟要进行一次光谱仪优化和白板校正操作，每隔 5 分钟就要采集一次暗电流。如果光照条件变化较快，光谱仪优化、暗电流采集和白板校正操作应更频繁，防止传感器响应系统的偏差和太阳入射角的变化影响。

5. 测量过程中，若软件窗口左边闪动条上出现【Saturation】的提示（伴有提示声），光谱采集过程应该中止，需要进行光谱仪优化和参照白板校正后重新测量。

6. 测量人员尽量穿戴黑色衣帽，尽可能避免浅色、特色衣帽。如果穿戴白色、亮红色、黄色、绿色、蓝色等颜色的衣帽，就会影响物体的光谱反射特征。

7. 对每个目标地物尽量选取多个测点，每个测点尽量读取 3 个以上的光谱数据，取其均值，以降低噪声干扰和随机性的影响。

8. 在所有的测试地点必须采集 GPS 数据，详细记录测点的位置、植被覆盖度、探头的高度以及其他异常条件，配以野外照相记录，以便后续的解译分析。

二、土壤紧实度计

土壤紧实度计（见图 2－3）需平稳小心地以相同的速度将探针推入土中。仪器默认的速度是 2.54cm/s，如果超过这一速度，屏幕就会显示 "Error"，具体操作方法如下：

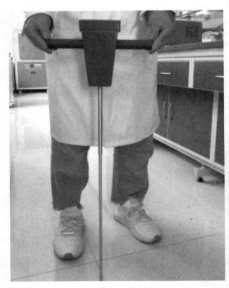

图 2－3　土壤紧实度计

1. 按下【Start】，推动探针。

2. 在显示屏上会出现剖面的相关信息，第一行显示的是当前圆锥指数值和深度，当在土壤表面时深度是0cm；第二行显示的是此次开机测量的第几个剖面，每次重新开机，该值都会复位为1，成功测完一个剖面后，自动递加1，出现错误时，数值不变继续测量。

3. 测量者的脚与探针的距离至少是15cm，以保证声波传感器测量结果的准确性，探针周围的障碍物都会影响声波的反射；建议在测量之前将周围的土地尽量整治平整。随着探针的插入，屏幕所显示的深度以每次2.5cm或者1英寸的差额递增。圆锥指数会随着土壤紧实度的变化而改变。

4. 将探针缓慢平稳地插入，以保证在探针周围没有任何侧压。如果出现错误信息，拔出探针按下【Start】，再次测量。

5. 测量深度到10cm或更深时，轻轻地移开探针，如果数据已经成功采集就会显示如图2-4所示的信息。

```
Reading Completed
--Review Mode--
```

图2-4　信息

6. 按下【Review】就可以回看刚测完剖面的数据，也可以按下【Delete】删除此剖面数据。

7. 按下【Start】进行下一剖面的测量。

 三、污泥采集设备

1. 野外作业时，首先把采样抓斗和拉绳扣好。

2. 将采样抓斗张开，在张开的同时，将一支杆放入一搭钩内，采样抓斗就不会紧闭。

3. 通过拉绳缓缓地将采样抓斗放入河中，当污泥采样器到河底时，轻松一下拉绳、支杆和搭钩在弹簧的作用下会自动松开。

4. 用力提拉采样抓斗，这时采样抓斗会自动关闭，在关闭的同时会将河底污泥采入采样抓斗中，如图2-5所示。

四、电子天平

1. 调平：天平开机前，应观察天平后部水平仪内的水泡是否位于圆环的中央，否则通过天平的地脚螺旋调节，左旋升高，右旋下降。

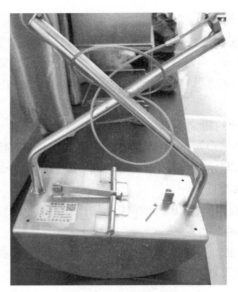

图 2-5　污泥采集器

2. 预热：天平在初次接通电源或长时间断电后开机时，至少需要 30 分钟的预热时间。因此，实验室电子天平在通常情况下，不要经常切断电源。

3. 称量：按下【置零】键，接通显示器，等待仪器自检，当显示器显示零时，自检过程结束，天平可进行称量，放置称量纸，按显示屏两侧的【去皮】键去皮，待显示器显示零时，在称量纸上加所要称量的试剂进行称量。称量完毕，按【置零】键，关闭显示器，如图 2-6 所示。

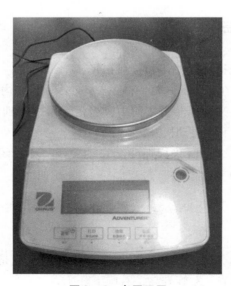

图 2-6　电子天平

五、分析天平

（一）操作方法

1. 检查天平是否水平，观察水平仪，如水平仪气泡偏移，调节水平调整脚螺旋，使气泡位于水平仪中心。

2. 打开两边侧门5～10分钟，使天平内外的湿度、温度平衡，避免因天平罩内外湿度、温度的差异引起示值变动，然后关好侧门。

3. 检查天平盘上是否清洁，如有灰尘应用毛刷扫净。

4. 接通电源，预热一小时后开启显示器。

5. 选定称量模式，进行称量。

6. 按【TAR】键，显示为零层，置被称物于盘上，待数字稳定（显示器左边的"0"标志熄灭后），该数字即为被称物的质量值。

7. 称量完毕，取出被称物，关好天平门，关闭显示器，关闭电源，盖上防尘罩，如图2-7所示。

图2-7　分析天平

（二）注意事项

1. 天平须小心使用，称盘和外壳经常用软布和牙膏轻轻擦洗，不可用强溶剂擦洗。

2. 不要把过冷和过热的物品放在天平上称量，应待物体和天平室的温度一致后进行称重。

3. 天平框内应放硅胶干燥剂，干燥剂蓝色消失后应及时烘干。

4. 若较长时间不使用天平，应拔去电源线。

5. 称量完毕后，及时取出被称物品，并保持天平清洁。

6. 天平载重不得超过最大载荷，被称物应放在干燥清洁的器皿中称量。

 ## 六、立式鼓风干燥箱

（一）操作方法

1. 把需要干燥处理的物品放入干燥箱内，关好箱门。

2. 温度设定：根据所需加热温度设定，设定时先按控温仪的功能键【SET】进入温度设定状态，按移位键配合加减键操作，设定结束按下功能键【SET】确认。

3. 定时设定：当 PV 窗显示 1 时，进入定时设定，可用移位键配合加减键把 SV 窗设定。设定结束后，按【SET】键确认退出。

4. 设定结束后，各项数据长期保存。此时干燥箱进入升温状态，加热指示灯亮。当箱内温度接近设定温度时，加热指示灯忽亮忽暗，反复多次，控制进入恒温状态。

5. 如使用定时功能时，只有第一次 PV > SV 时，即箱内温度高于设定温度时，定时器开始工作，同时 SV 数码管末位上的一位小数点闪烁。定时结束，SV 窗显示 End，末位小数点熄灭，同时切断加热器电源。

6. 重新使用定时，如需定时与设定的定时相同时，在 SV 窗显示 End 的状态下，只要按【SET】键复位即可，反之要重新设定。计时运行中重新设定时间无效。

7. 定时运行中，如要观察温度设定，按移位键即可转换。

8. 根据物品潮湿程度不同，选择不同的干燥时间。

9. 干燥结束后，把电源开关关闭，马上打开箱门，取物品时小心烫伤，如图 2 - 8 所示。

图 2 - 8　立式鼓风干燥器

（二）注意事项

1. 干燥箱外壳必须有效接地，以保证使用安全。

2. 干燥箱应放置在具有良好通风条件的室内，在其周围不可放置易燃易爆物品。

3. 干燥箱无防爆装置，不得放入易燃易爆物干燥。

4. 箱内物品放置切勿过挤，必须留有空气自然对流的空间，以便潮湿空气能加速逸出。

5. 控制仪参数都已调整好，不要随意更改。

七、台式高速冷冻离心机

（一）操作方法

1. 把离心机放置于稳固的平面桌或平面台上，四只橡胶机脚应坚实接触平面，目测使之平衡，用手轻摇一下离心机，检查离心机是否放置平稳。

2. 打开门盖，将已经两两配平的离心管对称放入转子体内，注意把转子体上的螺钉旋紧，并重新检查试管是否对称放入、螺钉是否旋紧。

3. 关上门盖，注意一定要使门盖锁紧，完毕用手检查门盖是否关紧。

4. 插上电源插座，将仪器接上电源后打开仪器后面的电源开关，此时数码管显示"0000"。

5. 如需调整仪器运行参数（运转时间和运转速度），可按功能键，使相应的指示灯点亮，数码管即显示该参数值，此时可用数字选择换位键、增键、减键相结合调整该参数至需要的值，并按记忆键确认储存。

6. 按【开关】键启动仪器。仪器运行过程中数码管显示转速。当需要其他参数时，可按功能键使该参数的指示灯点亮，数码管即显示该参数，当仪器到达设定时间或中途停机，停机过程中数码管闪烁显示转速，属正常现象，如图2-9所示。

（二）注意事项

1. 为确保安全和离心效果，仪器必须放置在坚固水平的台面上，塑料盖门上不得放置任何物品，样品经过配平并对称放置，并在开机前确保已拧紧螺母。

2. 应经常检查转头及实验用的离心管是否有裂纹、老化等现象，如有应及时更换。

3. 实验完毕后，须将仪器擦拭干净，以防腐蚀。

4. 当电机碳刷长度小于6mm时，必须及时更换。

5. 在离心机尚未停稳的情况下不得打开盖门。

6. 实验结束后请关闭后面的电源开关，拔掉电源插头。

图2-9 台式高速冷冻离心机

 八、实验室专用超纯水机

（一）开机

1. 打开水源的进水阀。

2. 按下超纯水机电源开关，开关内置指示灯亮，超纯水机进入自动工作状态；超纯水机将自动进行一系列检测，合乎设定要求后，超纯水机将自动造水，储水桶满水后自动停机，处于待机状态。如果纯水机有漏水现象，则停止进水电磁阀，检修时，关闭电源总开关，待检修完毕后，把漏水保护器上的水擦干，重新开机。

（二）取水

实验室专用超纯水机（见图2-10）可同时产出纯水和超纯水，为降低运行成本，请按不同实验所需用的不同水质，分别取用纯水或超纯水。因纯化柱的交换总量是固定的，若全部取用超纯水，则纯化柱更换周期将会缩短。

1. 纯水取用：

按下【纯水取用】键 ，开关内置指示灯亮，即可取用纯水。

2. 超纯水取用：

按下【超纯水取用】键 ，开关内置指示灯亮，即可取用超纯水，此时电阻表显示水质。取用完毕后，再按一下"超纯水取用"键，开关内置指示灯灭，即可停止取用超纯水。

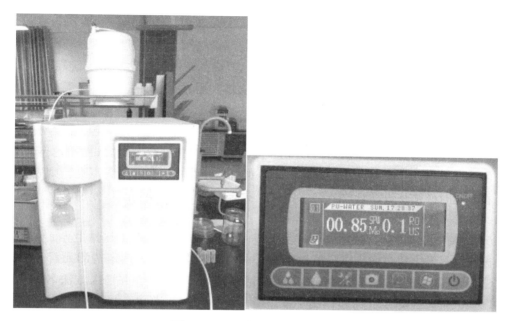

图 2 - 10　实验室专用超纯水机

（三）关机

当需要关闭超纯水机时，先关闭系统电源按键，然后拔下电源插头，再关闭自来水进水阀。

 九、原子吸收光谱仪

（一）操作方法

1. 火焰光度计。

（1）检查标准溶液是否准备好；检查样品是否准备好；检查废液瓶是否有足够容量承纳废液；检查仪器管路连接是否正常，电源是否正常，气路是否密闭；检查乙炔钢瓶是否有足够压强；检查灯的类型和位置是否正确；检查通风橱是否打开。

（2）先打开电源开关，再打开主机开关。

（3）再打开空压机上的红色开关，调节输出压力为 0.26 ~ 0.28mPa，然后再打开空压机上的绿色开关。

（4）再打开乙炔钢瓶，调节输出压力为 0.08mPa。

（5）再打开电脑，启动工作站，进入 online 状态。若其没有进入 online 状态，则应从【动作】菜单下选择【通讯】，然后点击【连接】，以重新建立联系。或者在计算机的设备管理器中的【端口】菜单下，选择正确的端口，然后重新连接即可。

（6）然后加水封，方法为：先拔下燃烧头，向孔中注入蒸馏水，直到水从管中流入废液桶。再倾斜角度装上燃烧头，压下去后，旋转燃烧头使刻度归零。

（7）然后安装灯，方法为：选择合适的元素灯，通过工作站把灯头旋转至最外围，然后把灯装上，此时工作站会自动识别此元素灯。通过工作站把待测元素对应的灯打开，预热至少 10 分钟。

（8）然后点火，方法为：先将进样管从纯水中拿出，再次检查空气和乙炔的输出压力状态，如果都已正确，则火焰光度计主机上的黄灯按钮会闪烁。再关闭安全门，一直按住黄灯按钮，会有电火花开始点火。若黄灯按钮停止闪烁，一直点亮，则表示火已经点着。此时必须将进样管放入纯水中。让火焰稳定燃烧，燃烧 30 分钟以上方可开始检测。

（9）建立相应的运行方法（含样品运行序列），方法为：在工作站主界面点击显示方法按钮，打开方法页面。选择概述菜单下的【新建】按钮，选定待测元素（注意每个方法只能同时测定一种元素），然后将技术设定为"火焰"，并输入方法名称。然后进入序列菜单，在动作下增加样品个数。然后进入光谱仪菜单，将测量方式定为【吸收】（若测碱金属则可以用发射光谱法，此处选【发射】即可），再从【菜谱】中取得波长、灯电流、通带、背景校正、火焰类型、燃气流量等信息，并且输入相应位置。然后进入火焰菜单，设定火焰类型、燃气流量、燃烧器高度等信息。然后进入校正菜单，选择方法为"线性最小二乘拟合"，并输浓度单位、标准溶液个数、标准溶液浓度。最后返回概述菜单，保存刚才的运行方法。

（10）启动运行方法，按工作站提示依次进样。

（11）检测完毕后关机，方法为：先关闭灯，并用纯水冲洗管路 5 分钟以上，再按下火焰光度计主机上的红色按钮，关掉火焰，然后关掉工作站。再关闭空压机开关（红色），5 分钟后关掉空压机风机开关（绿色），最后放掉空压机的压力。然后关闭乙炔钢瓶，一定记得把进样管从纯水中取出，然后长按火焰光度计主机上的红色按钮约 15 秒，把水封放掉，注意此操作需再进行一次，确保把水放净。最后关闭主机开关和电源开关。

2. 石墨炉。

（1）检查标准溶液是否准备好，样品是否准备好；检查废液瓶是否有足够容量承纳废液；检查仪器管路连接是否正常，电源是否正常，气路是否密闭；检查氩气钢瓶是否有足够压强；检查循环水量是否足够；检查灯的类型和位置是否正确；石墨管种类和位置是否正确；检查通风橱是否打开。

（2）先打开电脑，再打开主机开关。

（3）启动工作站，进入 online 状态。

（4）再打开氩气钢瓶，调节输出压力为 0.15mPa。

（5）再打开冷却循环水，设置水温比室温低 3℃。

（6）再设置准直光路，方法为：先打开摄像头，点击【准直进样针】，观测摄像头的显示屏，先用控制左右的旋钮调整位置，再用控制上下的旋钮调整深度。注意每次开机都要重新调整进样针位置。

（7）再清洗，方法为：通过工作站，点击【清洗进样针】，再点击【清洗石墨管】。

（8）通过工作站把待测元素对应的灯打开，预热至少 10 分钟。

（9）建立相应的运行方法（含样品运行序列）：在工作站主界面点击显示方法按钮，打开方法页面。选择概述菜单下的【新建】按钮，选定待测元素（注意每个方法只能同时测定一种元素），然后将技术定为"石墨炉"，此时自动进样器会自动变化为"石墨炉"，并输入方法名称。然后进入序列菜单，在校正下增加样品个数。然后进入光谱仪菜单，再从【菜谱】中取得波长、灯电流、通带、背景校正、升温程序、石墨管类型等信息，并且输入相应位置。然后进入石墨炉菜单，设定石墨管类型、升温程序。然后进入校正菜单，选择方法为"线性最小二乘拟合"，并输入浓度单位，标准溶液个数、标准溶液浓度。然后进入进样菜单，将"智能稀释"的工作体积设定为"20"，标准制备设定为"固定体积"。若需要加入基体改进剂，则需要输入基体改进剂名称、数量、加入方法。最后返回概述菜单，保存刚才的运行方法。

（10）在样品盘上放置标准溶液和样品，启动运行方法。

（11）检查完毕后关机，方法为：先关闭灯，再关闭主机电源，然后关闭工作站，然后关闭氩气钢瓶，最后关闭循环冷却水，如图 2 - 11 所示。

图 2 - 11 原子吸收光谱仪

（二）注意事项

1. 通过观察气表是否泄压来检漏，以关注乙炔的使用安全。

2. 取样针位置突出，结构纤细，取下防尘罩时要小心，以免碰断。

3. 样品需用定量滤纸过滤，以免堵塞雾化器。

4. 记得每次开机都要先加水封，用后一定要排掉水封。

5. 注意检查管路和连接件，防止泄露。

6. 开机前注意检查循环水的水位、水温、水压。

7. 石墨炉方法中除了原子化阶段关闭气体外，其余阶段均应打开气体。

8. 若长期不用，可每个月把灯打开 1 小时以延长寿命，此时不用开气体。

9. 燃烧头若脏了，需要清洗后方可使用。

10. 石墨管使用次数超过 300 次后，需要在测试过程中观察信号值，如果出现异常，则说明需要更换新的石墨管。

■ 十、精密酸度计

（一）操作方法

1. 开机前准备。

（1）调节电极夹到适当位置；

（2）将 pH 复合电极下端的电极保护瓶拔下，并且拉下电极上端的橡皮套使其露出上端小孔；

（3）用蒸馏水清洗电极，清洗后用滤纸吸干。

2. 开机。

（1）电源线插入电源插座。

（2）按下电源开关，仪器显示 "PHS－3C" 字样，稍等，会显示上次标定后的斜率以及 E0 值，然后进入测量状态，显示当前的电位值或者 pH 值。

注：为了保证仪器的测量精度，建议预热 30 分钟。

如果用户需要设置温度，用温度计测出被测溶液的温度，然后按【温度▽】或【温度△】键，调节显示值，使温度显示为被测溶液的温度，按【确定】键，即完成当前温度的设置。按【pH/mV】键放弃设置，返回测量状态。

3. 标定：仪器使用前，先要标定，一般来说，仪器在连续使用时，每天要标定一次。本仪器可识别 4.00pH、6.86pH、9.18pH 三种标液。用"定位"进行一点标定，用"斜率"进行二点标定。

一点标定：即一点定位法，使用一种标准缓冲溶液定位 E0，斜率设为默认的 100%。

（1）在仪器的测量状态下，把用蒸馏水清洗过的电极插入某种标准缓冲溶液中（如 pH = 6.86pH 的标准缓冲溶液中）。

（2）用温度计测出被测溶液的温度值，按前面设置温度的方法设置温度值。

（3）稍后，待读数稳定，按【定位】键，仪器会提示用户是否进行标定，显示"StdYES"字样，如图 2 - 12 所示，如果用户需要标定，则按【确定】键，仪器自动进入一点标定状态，否则按任意键退出标定，仪器返回测量状态。

图 2 - 12　一点标定

进入标定状态后，仪器会自动识别当前标液并显示当前温度下的标准 pH 值，显示如图 2 - 12（此时显示的数据可能与测量状态下的 pH 值不同），按【确定】键，仪器存贮当前的标定结果，并显示斜率和 E0 值，返回测量状态；如果用户想放弃标定，可按【pH/mV】键，仪器退出标定状态，返回当前测量状态。

二点标定：通常情况下我们使用二点标定法标定电极斜率。

（1）准备两种标准缓冲溶液，如 4.00pH、9.18pH 等。

（2）按照前面的叙述进行一点标定：在仪器的测量状态下，把用蒸馏水清洗过的电极插入标准缓冲溶液 1 中（pH = 4.00pH 的标准缓冲溶液中）；用温度计测出溶液的温度值（如 25.0℃），按照前面设置温度的方法设置温度值；稍后，待读数稳定，按【定位】键，再按【确定】键进入一点标定状态，仪器识别当前标液并显示当前温度下的标准 pH 值 4.00pH；然后按【确定】键完成标定，仪器返回测量状态。

（3）同理，再次清洗电极并插入标准缓冲溶液 2 中（pH = 9.18pH 的标准缓冲溶液中）；用温度计测出溶液的温度值（如 25.2℃），并设置温度值；稍后，待读数稳定后，按【斜率】键，再确认，仪器自动识别当前标液并显示当前温度下的标准 pH 值（如 9.18pH）。

（4）然后按【确定】键完成标定，仪器存贮当前的标定结果，并显示斜率和 E0 值，然后返回测量状态。

4. pH 值的测量。

经标定过的仪器，即可用来测量被测溶液，被测溶液与标定溶液温度是否相同，所引起的测量步骤也有所不同。具体操作步骤如下：

（1）被测溶液与定位溶液温度相同时，测量步骤如下：

①用蒸馏水清洗电极头部，再用被测溶液清洗一次；

②把电极浸入被测溶液中，用玻璃棒搅拌溶液，使溶液均匀，在显示屏上读出溶液的 pH 值。

（2）被测溶液和定位溶液温度不同时，测量步骤如下：

①用蒸馏水清洗电极头部，再用被测溶液清洗一次；

②用温度计测出被测溶液的温度值；

③按【温度】键，使仪器显示为被测溶液温度值，然后按【确定】键；

④把电极插入被测溶液内，用玻璃棒搅拌溶液，使溶液均匀后读出该溶液的pH值。

5. 关闭 pH 计。

用户使用完毕，按仪器的【开关】键关闭仪器。测试完样品后，所用电极应浸放在蒸馏水中，如图 2 – 13 所示。

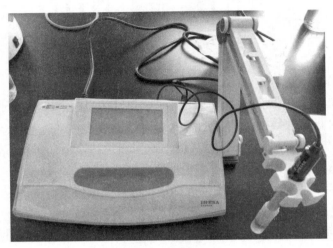

图 2 – 13　精密酸度计

（二）注意事项

如果仪器长期不用，请注意：

（1）断开电源。

（2）仪器的插座必须保持清洁、干燥，切忌与酸、碱、盐溶液接触。

（3）测量结束，建议将电极存放在参比填充液中。长期不使用时，将电极放回盒体内室温保存。

 十一、紫外可见光分光光度计

（一）仪器的基本操作

1. 测试准备。

（1）开机自检。

仪器接通电源，显示屏幕出现欢迎界面，稍后微机进行系统自检（见图 2 – 14 和图 2 – 15），仪器进入初始化状态。

注：初始化过程中请勿打开样品室门。

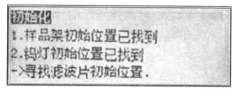

图 2 – 14　开机自检

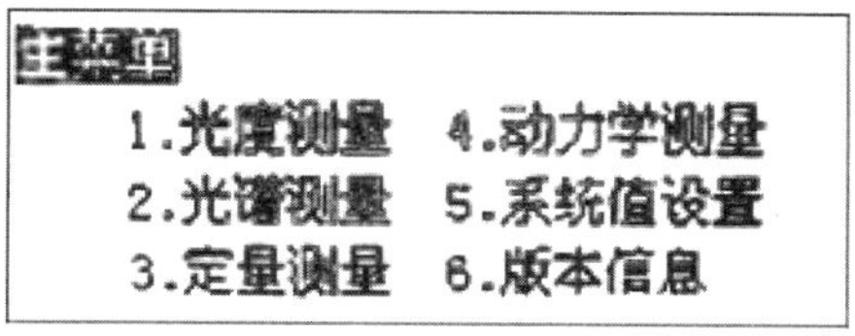

图 2 – 15　主菜单列表

（2）波长修正。

通过设置界面进行操作。

（3）放置参比样品与待测样品。

选择测试用的比色皿，把盛放参比样品和待测样品的比色皿放入样品架内，参比样品放入样品架 R，待测的样品放入 S1 到 S7 位置。

注意：在自检通过后，如用户需要单灯工作，可在主菜单的第 5 项【系统值设置】栏中，分别对氖灯或钨灯进行关闭或开启控制，以延长光源灯的寿命。

2. 键盘操作。

键盘操作是通过触摸屏幕下方的键盘区域实现的，如图 2 – 16 所示。

图 2 – 16　操作键盘

键盘上共有 26 个键，其中 11 个键是数字键，4 个键是显示屏上菜单选择（光标）的方向键，11 个是功能键。

（二）光度测量操作

1. 测量菜单。

（1）在主菜单中按【1】键即可进入此功能块。按【MODE】键可以返回主菜单。

（2）设定测试波长：输入所需参数后，用配对比色皿分别倒入参比样品与待测样品；打开样品室将它们分别放置比色皿架 R、S1，盖好样品室门，然后按下【AUTO ZERO】键。

（3）屏幕提示："调零中…"。

（4）仪器自动调整 0%（暗电流）及 100%（满度）。自调结束屏幕提示消失后，按右方向键比色皿架移至 S1，即可得到你所需待测样品数据。

（5）每个未知样品测量完成后，可以按【PRINT】键对所测得数据进行打印输出。

2. 光谱测量。

参数设置：在主菜单中按【2】键即可进入此功能块。按【MODE】键可以返回主菜单。

Cell = R：当前处于光路中比色架孔位为 R。

（1）方式：测量方式的设定。

连续按【1】键，分别可出现带光亮条的"ABS""EN""T%"字样，可设定你所需的模式，然后按【ENTER】键确认设定。

当选择【EN】能量测量方式时，能量方式的倍率和能量波长的设定，将在其他所有参数设置后，按【START/STOP】后出现子菜单进行设定。

（2）波长：扫描范围的设定。

按【2】键，在起始波长数值处出现光亮条，可输入设定数值，然后按【ENTER】键确认，这时亮条出现在终止波长数值处，可输入设定数值，再按【ENTER】。扫描波长数值设定时，其起始波长数值必须小于终止波长数值，不能倒置。

（3）范围：测试范围的设定。

按【3】键，在起始测试数值处出现光亮条，可输入设定数值，然后按【ENTER】键确认，这时光亮条出现在终止测试数值处，可输入设定数值，再按【ENTER】键确认。测试范围数值设定时，其起始测试数值必须小于终止测试数值，不能倒置。

（4）速度：扫描速度设定。

连续按【4】键，分别可出现带光亮条的"中""慢""快"字样，可设定你所需的扫描速度，然后按【ENTER】键确认设定。

（5）间隔：扫描波长间隔设定。

连续按【5】键，分别可出现带光亮条的"1nm""2nm""5nm""0.1nm""0.5nm"字样，可设定你所需的扫描波长间隔，然后按【ENTER】键确认设定。

如采样间隔为 0.1nm，扫描波长范围大于 200nm 时。屏幕提示：基线校正点数 > 200nm（0.1nm）需要对参数进行重新设定。

3. 曲线扫描。

所有参数设定完成后，用配对比色皿分别倒入参比样品和待测样品。打开样品室将它们分别放置比色皿架 R、S1，盖好样品室门，再按【F1】键进行基线校准。

屏幕提示："正在校准…"按【START/STOP】键停止基线校正结束后，按【F3】键使比色皿架移至 S1，再按【START/STOP】键，仪器开始扫描，屏幕显示扫描图谱，如图 2-17 所示。

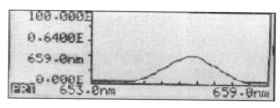

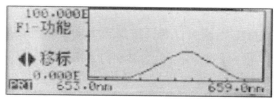

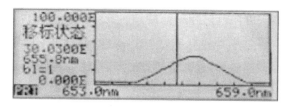

图 2-17 屏幕显示扫描图谱

4. 图谱处理。

在曲线扫描界面按选【F1】键后，进入图谱处理界面。按【1】～【3】不同的数字键，分别可执行图谱的缩放、峰谷检测及存储功能。

5. 图谱调用。

在参数设置界面选择【F2】载入曲线，按选对应的单元数字键，则成功调用该曲线。

注意：每次开机如果进行光谱扫描，在所需波长范围内必须进行基线校正，如以后光谱扫描波长范围与采样间隔一致，则不需要再做基线校正，否则，要再做基线校正，如图 2-18 所示。

图 2-18 紫外可见光分光光度计

十二、光学显微镜

（一）操作步骤

1. 打开 LED 照明：将电源开关打开，按箭头方向旋转亮度调节旋钮，增加亮度，向相反方向旋转，降低亮度。

2. 选择目镜管理和照相机光路：可以选择用目镜观察图像的光路，或是用显示器（即通过照相机）观察图像的光路。旋转目镜筒的光路选择旋钮，选择光路。

注释：务必旋转光路选择旋钮到头，以获取正确的观察图像。

3. 放置标本：按箭头方向旋转粗调焦旋钮，充分降低载物台。

4. 向后按标本固定拉杆旋钮，打开拉杆口，通过载物台上从前向后滑动来放置标本，如图 2-19 所示。

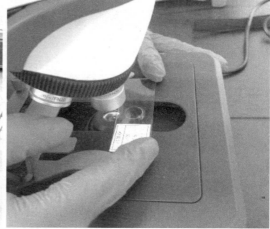

图 2-19 光学显微镜

注释：小心放置标本。如果用力拨回标本固定拉杆，或在中间就松开标本固定拉杆旋钮 b，拉杆可能碰撞到标本，导致其损坏。

（二）单手放置标本

1. 按箭头方向旋转粗调焦旋钮，充分降低载物台，将标本放置在载物台的前侧，将标本固定拉杆置于标本边缘，通过载物台上从前向后滑动来放置标本。

2. 使用平板标本架时按箭头方向旋转粗调焦旋钮，充分降低载物台将标本放置在树脂板上。

注释：聚光镜的光线无法照亮树脂板的孔径外，因此不能观察到标本。

3. 操作轴旋钮时，小心不要用树脂板盖住载物台的孔径。如果使用平板标本架，通过 100 倍油浸物镜观察时，不能充分发挥本产品的光学性能，所以平板标本架不能与 100 倍油浸物镜组合使用。

4. 暗场观察时在视野中心发生阴影，所以平板标本架不能用于暗场观察。

十三、恒温摇床

恒温摇床如图 2 - 20 所示。

图 2 - 20　恒温摇床

（一）操作方法

1. 定时功能：按一次【MODE】键，当时间设置为"0"时，没有定时功能；时间设置不为"0"时，控制器有定时功能，按一下【MODE】键，TIME 数值闪烁，表明时间可按需设置，通过增加、减小和移位键，设定所需要的时间，定时时间到，TIME 窗显示 "END" 蜂鸣器响，可按任意键消声。

2. 转速设定：再按一次【MODE】键，"REV SET" 窗数值闪烁，表明转速可按需设置，通过增加、减小和移位键，设定所需要的转速。

3. 温度设定：再按一次【MODE】键，"TEMP SET" 窗数值闪烁，表明温度可按需设置，通过增加、减小和位移键，设定所需要的温度。再按【MODE】键，回到标准显示模式。

注：①每修改一个参数，均需按【MODE】键确认后修改有效。

②全部参数设定完后，按【START/STOP】键，待 4 秒左右，开始运转。

（二）注意事项

1. 当实测温度大于设定温度 3℃，仪表发出蜂鸣声，自动切断加热，按任意键可消声。

2. 当振荡负载过重造成电机超载超过 10 秒，仪表发出蜂鸣声，振荡停止，按任意键可消声。

3. 当箱内温度到达设定温度时，定时开始运行，定时结束会自动停机，发出蜂鸣声，按任意键可消声。

4. 当 Pt100 产生断线、短路等故障，使测量温度大于 60℃ 或小于 −1.0℃ 时，液晶屏显示 "----"。

十四、土壤养分速测仪

（一）仪器操作

1. 开机。

将电源插头一端与市电（220V，50Hz）连接，另一连接仪器，按下电源开关，仪器初始化结束后进入主界面，如图 2 – 21 所示。

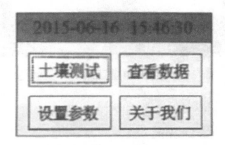

图 2 – 21　土壤养分速测仪主界面

2. 项目选择。

在主界面，按【菜单】键选中【土壤测试】，按【确认】键进入土壤测试选择界面，如图 2-22 所示。有【养分测试】【pH 试】【盐分测试】【水分测试】四个选项。在土壤测试界面选择【养分测试】进入土壤养分检测界面，如图 2-22 所示。有【氮含量】【磷含量】【钾含量】【有机质】四个选项。

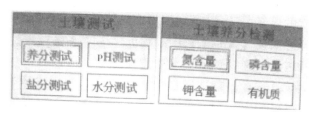

图 2-22　土壤养分速测仪检测选择界面

（二）土壤中铵态氮的提取方法

1. 准备工作。

取土样 4 克放入试剂箱的塑料瓶中，用注射器加水 20 毫升，加 1 号粉 1 克，盖上瓶盖，摇动 10 分钟过滤，此为氮、钾待测液。

（1）空白液：用一只干净的移液器向一个玻璃比色皿内加水至 2/3 的位置，作为空白液。

（2）标准液：用移液器向另一个玻璃比色皿中加入 900μl 水，再从箱中找到"氮标准液"加入 100μl 标液，然后摇匀。此标准液浓度为 20mg/kg（20ppm）。

（3）待测液：用移液器吸取氮、钾待测液向第三个玻璃比色皿中加入 1000μl。

（4）向装有标准液和待测渡的玻璃比色皿内分别加入 100μl 氮 1 号试剂，摇匀，再加入 100μl 氮 2 号试剂，摇匀。停放 10 分钟（冬天需停放 20 分钟），再各加入 800μl 水，摇匀，立即上机操作（10 秒内）。

2. 氮含量测试。

在土壤养分测试界面，选中氮含量检测项目，按【确认】键进入空白溶液对照界面。

（1）空白溶液对照。

根据提示放入空白溶液，然后按【确认】键。

（2）标准溶液测试。

在空白溶液对照完成后，仪器进入标准溶液浓度选择界面。根据配量的标准溶液的浓度，按【菜单】键选择相对应的数值。选择好浓度后，按【确认】键仪器进入标准溶液测试界面，根据提示将标准溶液放入相对应的通道，然后按【确认】键。

注：标准溶液浓度仪器默认选择氮、磷为 20mg/kg，钾为 100mg/kg，有机质默认为 5mg/kg。

（3）样品溶液测试。

标准溶液测试完成后，仪器进入样品溶液测试界面，将样品溶液放入相应的通道，按一次【确认】键进行一次测量，按【打印】键打印当前检测数据，按【返回】键则返回上一界面。

3. 计算氮肥量。

在检测出浓度之后，用户可以在此基础上进一步计算施肥量（有机质除外）。

（1）在检测浓度的界面按【确认】键进入作物选择界面。

（2）在作物选择界面按【▲】【▼】键翻页，按【选择】键选择要计算施肥量的作物，按【确定】键进入设置界面。

（3）在设置界面按【选择】键选择要调整的值，按【▲】【▼】调整数值大小。

（4）设置完成后按【确定】键即可计算出施肥量。

（5）计算出施量后按【打印】键可以打印出当前计结果。

（三）土壤中速效磷的提取方法

1. 准备工作。

取土样 4g 放入试剂箱的塑料瓶中，用注射器加水 20ml，加 2 号粉 0.5g，盖上瓶盖，摇动 10 分钟过滤，注意（如果被测的土层属于酸性土壤就不加 2 号粉；只需向瓶内加入 500μl 的 3 号试剂），此为磷待测液。

（1）空白液：用一只干净的移液器向一个玻璃比色皿内加水至 2/3 位置，作为空白液。

（2）标准液：用移液器向另一个玻璃比色皿中加入 900μl 水，再从箱中找到"磷的标准液"，加入 100μl 标液，然后摇匀。此标准液浓度为 20mg/kg（20ppm）。

（3）待测液：用移液器吸取待测液向第三个玻璃比色皿中加入 200μl 和 800μl 水。

（4）向装有标准液和待测液的玻璃比色皿内分别加入 100μl 磷 1 号试剂和 800μl 水，摇匀。（无须停放）直接加入磷 2 号试剂 1 滴（50μl），摇匀，立即上仪器测试（3 秒内）。

2. 磷含量测试。

在土壤养分检测界面，按【菜单】键选中磷含量检测项目，磷含量测试过程与氮含量测试过程相同。

注：磷含量测试为红光灯。该测试标准液浓度一般为 20mg/kg。

3. 计算磷肥量。

磷量的计算，与氮肥量操作步骤相同。

（四）土壤中有效钾的提取方法

1. 准备工作。

取土样 4g 放入试剂箱的塑料瓶中，用注射器加水 20ml，加 1 号粉 1g，盖上瓶盖，摇动 10 分钟过滤，此为氮、钾待测液。

（1）空白液：用一只干净的移液向一个玻璃比色皿内加水至 2/3 位置，作为空白液。

（2）标液：用移液器向另一个玻璃比色皿中加入 900μl 水，再从箱中找到"钾的标准液"，加入 100μl 的标准液，然后摇匀。此标准液浓度为 100mg/kg（100ppm）。

（3）待测液：用移液器吸取氮、钾待测液向第三个玻璃比色皿中加入 1000μl。

（4）向装有标准液和待测液的玻璃比色皿内分别加入 100μl 钾 1 号试剂，摇匀，再加入 100μl 钾 2 号试剂，摇匀，停放 5 分钟再各加入 800μl 水，摇匀，立即上机操作（10 秒内）。

注：钾用蓝光，选择标准液含量为 100mg/kg，也可配其他的浓度。

2. 钾含量测试。

在土壤养分检测界，按【菜单】键选中钾含量检测项目，钾含量测试过程与氮含量测试过程相同。

注：钾含量测试为蓝光灯，该测试标准液浓度一般为 100mg/kg。

3. 计算钾肥量。

钾肥量的计算，与氮肥量操作步骤相同。

（五）土壤中有机质的提取方法试剂配制

1. 试剂配制。

浓硫酸：98%（分析纯）。

重铬酸钾溶液：称取 39.23 克重铬酸钾（分析纯），溶于 600ml 水中，溶解后再用蒸馏水定容 1L。

标准液（含碳量 5mg/kg）：称取 1.376 克葡萄糖（化学纯）于 100 毫升容量瓶中，加蒸馏水溶解后，再加 1ml 浓硫酸，加水定容，摇匀，此标准液含碳为 5mg/kg。

2. 测定步骤。

（1）吸取蒸馏水 3.0ml 放入一个清洁的小烧杯中，作空白液。

（2）称取通过 0.5mm 孔径的风干土样 1g（精确至 0.001）放入另一个清洁的小烧杯中，再加入 3ml 的蒸馏水，充分将土样摇散，作为待测液。

（3）吸取（含碳量 5mg/kg）标准液 2ml 放入另一个清洁的小烧杯中，补加 1ml 的蒸馏水，其含量为 10mg，作为标准液。

（4）向上述各小烧杯中分别加入 10ml 重铬酸钾溶液和 10ml 浓硫酸，不断摇动，停放 20 分钟后再各加 10ml 的蒸馏水摇匀，再静放沉淀。

注：有条件的用户可将有土样的小烧杯中的混合液离心。

（5）分别吸取上述各小烧杯中的溶液（有土样的小烧杯须吸取澄清液）各 10ml，分别放入 50ml 的容量瓶中，再用蒸馏水定容至刻度，摇匀。

（6）配制完成后，将空白液、标准液、待测液分别倒入比色皿上机检测。

3. 有机质测试。

在土壤养分检测界面，按【菜单】键选中有机质检测项目，有机质测试过程同氮含量测试。

注：有机质测试为红光灯，该测试标准液浓度一般为5mg/kg。

土壤养分速测仪（见图2-23）主要提取土壤中铵态氮、速效磷、有效钾、有机质等物质。

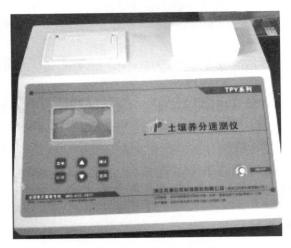

图2-23　土壤养分速测仪

十五、光照培养箱

（一）操作方法

1. 按电源开关，所有数码管显示"888…"，指示灯全亮，显示2秒钟，电源指示灯亮。

2. 点击【查询】键进入查询状态且查询灯亮，查询设定周期、当前段数、设定时间、光照度、设定温度各个参数，再点击查询键返回。

3. 在标准状态下，长按【运行】键，如果控制器在运行状态，则进入停止状态；如果控制器在停止状态，则开始运行。

4. 当测量温度高于上限时，温度窗的上排显示"OOOO"。当温度低于下限时，温度窗的下排显示"OOOO"。

5. 当30段运行结束后，运行周期加1，继续循环运行。如有任何一段时间设定为零，程序将自动循环前面几段。如设定周期为零时，程序将一直循环运行下去。

6. 当运行周期达到设定的周期后，程序将自动结束，温度显示窗显示END，蜂鸣器鸣叫，运行指示灯灭，所有输出关闭。此时可以长按启动键重新启动。

7. 超温报警，此控制器有两个报警，AL 为上下偏差报警，当温度测量值≥（温度测量值 + AL）℃时，关闭加热，报警灯 1 亮。当温度测量值≤（温度测量值 – AL）℃时，关闭制冷，报警灯 1 亮。AP 为绝对值报警，当温度测量值 = AP℃时，蜂鸣器连续鸣叫，光照关闭，关闭加热，关闭制冷输出，如果 1 分钟以后仍未消除报警，那么控制器将会自动切断总开关 Kl。并且，K1 要重新上电以后才能恢复。

8. 蜂鸣器报警时，可按下任意按键消除蜂鸣器报警声。

9. 自整定功能：在标准状态下，长按【增加】键，启动温度自整定，此时自整定灯亮，得出一组新的 PID 温度控制参数，如想取消自整定，则长按【增加】键可退出。

10. 预约开机功能：当选择预约开机时，上电后处在停止状态，预约时间倒计时且预约开机灯亮，预约时间（rc）到自动开始工作。

11. 在标准状态下，按【设定】键，则段数窗显示 LK，调 LK = 0 按设定键可进入 30 段程序阶层的参数设定状态，按【＾／＾】键修改，长按【设定】键退出，如图 2 – 24 所示。

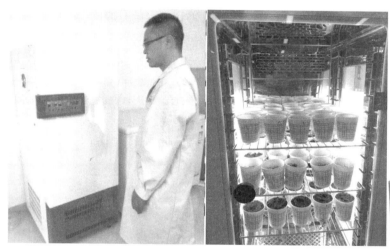

图 2 – 24　光照培养箱

（二）注意事项

1. 该仪器外壳应可靠接地，且应安置在避光处，阴凉通风的地方，设备与墙必须有 10cm 以上的距离。搬运要小心，搬运时与地面水平夹角不得小于 45°。

2. 该仪器箱体后右下角装有一组保险盒，若设备不通电，应先检查盒内保险丝管是否完好。

3. 用户在更换日光灯管时应先切断电源，再打开灯箱调换灯管。

4. 为了保持设备的美观，请不要用酸或碱及其他有腐蚀性的物品来擦表面，箱内可用干布定期擦拭。

5. 停止使用请关闭电源开关。

 十六、空气采集装置

（一）操作方法

1. 仪器使用前，应先对仪器检查，将交流电源线（以随机配好）插进仪器背面的电源切换插座中，对仪器进行充电（一般 3 小时即可），仪器处于关机状态。

2. 连接气路的过程：

（1）将气泡吸收瓶支架挂在仪器左右两侧，各一只。

（2）连接如下：气泡吸收瓶—安全瓶（缓冲瓶）—仪器背后进气口。

注意：气泡吸收瓶的瓶口，防止液体倒吸，进入仪器。

3. 本仪器体积小、重量轻、携带方便、操作简单、不需要其他设备。内置专用电源即可使用。

4. 采样过程及方法：首先进行定时器调整，LED 数码管显示的是时间。

5. 小时，用 H 调整挡；分钟，用 M 调整挡；秒，用 S 调整挡。

6. 一排共 5 个调整按钮，中间的一只用于调整小时（H）、分钟（M）和秒（S），注意前 2 位用于调整整数，后 2 位用于调整小数点后的数字。

7. 调整完毕后，打开电源，按启动键。仪器会自动采样，到设置的时间会自动停止采样，如果在使用过程中需要更改时间，可随时关闭电源总开关，系统将自动清零，之后，可另行调整时间。到达所定时间后，机器停止运转，此时采样工作即自动结束，如图 2-25 所示。

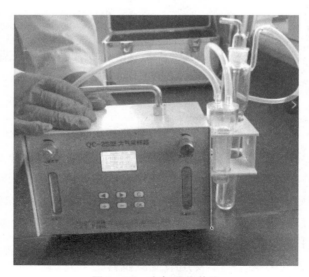

图 2-25 空气采集装置

（二）注意事项

1. 仪器应放在通风、干燥、没有腐蚀性气体及强烈机械振动和强磁场影响的室内。
2. 长时间不使用仪器时应放置干燥剂并套上塑料罩。
3. 仪器在运输过程中，应注意防震、防雨、防潮。

十七、玻璃陶瓷台面电热板

（一）操作方法

1. 接线：控制器 L1 接仪器 L1，L2 接仪器 L2。
2. 仪器指示灯：指示灯显示为蓝色，当加热面超过 50℃ 时，指示灯转为红色，平时常亮，正在加热时，每隔 3 秒闪一次。
3. 液晶显示：通电，进入待机画面。液晶屏显示当前温度值。
4. 按【设置】键进入目标温度和保持时间设置界面：

（1）设置目标温度：按【◄】和【►】可移动光标，进行对温度数值的个、十、百位设置，按【▲】和【▼】键分别可以设置数值的增加和减少。

（2）设置保持时间：设置完目标温度值后按【确认】键进入保持时间的设置，按【◄】和【►】键，可移动光标，进行对时、分、秒的设置，按【▲】和【▼】键分别可以设置数值的增加和减少。

（3）保存：目标温度和保持时间设置完毕后按【确认】键保存设置，若重设或放弃则按【取消】键。按【启动】键，电热板开始加热，此时液晶屏显示当前温度值、目标温度值和剩余时间。按【停止】键则停止加热。

检查各接线是否连接好，确保正常通电，如图 2-26 所示。

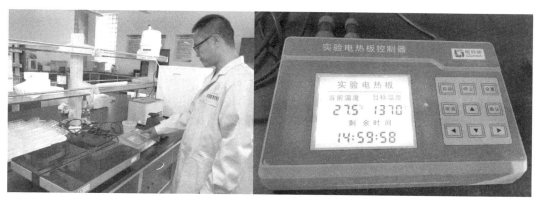

图 2-26 玻璃陶瓷台面电热板

（二）注意事项

因本仪器导热面为玻璃陶瓷，故使用氢氟酸（HF 酸）时，注意保护导热面，需使用配套聚四氟乙烯（PTFE）薄膜。使用时，将其放置加热表面之后再放样品瓶。使用 PTFE 薄膜时，请将温度设置低于 250℃。

十八、远红外快速恒温干燥箱

1. 当试验物品放入箱内后，将玻璃门与外门关上，并将箱顶上的风顶活动门应适当打开。

2. 接通电源，开启电源开关。为缩短升温时间，可将开关开到三挡或四挡，即将达到所需温度时及恒温后则开一挡或二挡，以减少热惯性；一般使用温度为 150℃ 以下时开一挡、二挡；150℃ 以上时开三挡、四挡。

3. 温度设定。

仪表上排数码管显示测量温度，下排数码管显示设定温度。若短按【SET】键则进入温度设定状态，上排显示 SP 提示符，下排显示设定温度，再按一下【SET】键，上排显示【SET】提示符，下排显示设定时间。若长按住【SET】键 5 秒，则进入参数设定状态，上排显示提示符，下排显示参数值。通过【◄、▼、▲】键可修正参数。参数设定完毕后，按住【SET】键 5 秒退出设定状态。

在正常状态下长按住【▲】键 5 秒，AT 自整定灯亮，即进入自整定状态。整定结束，AT 灯灭，仪表回到正常控制状态；若在自整定过程中进入设定状态，则退出自整定程序，如图 2 - 27 所示。

图 2 -27 远红外快速恒温干燥箱

十九、手持气象站

Nk4000 手持式风速仪可精确测量风速值，显示屏下面有 3 个按键，操作简单，可显示即时风速、最大风速、平均风速、大气压、气压趋势、海拔高度、相对湿度、湿球温度、密度高度、风寒指数、热应力、露点、温度。风寒是人类对低温和风的一种感觉温度。Nk4000 是旋转风杯式风速仪，体积小巧，方便携带。采用高精度轴承，轻量叶轮，可精确测量风速值，即便是在风速很小的情况下。如果叶轮损坏，可更换。手持气象站测量指标如表 2 - 1 所示。

表 2 - 1　　　　　　　　　　　　　手持气象站测量指标

测量项目	测量范围	精度	分辨率
风速	$0.4 \sim 40 \text{m/s}$	$\pm 3\%$	0.1m/s
空气温度	$-29℃ \sim 70℃$	$1℃$	$0.1℃$
相对湿度	$5\% \sim 95\%$	3%	0.1
气压	$300 \sim 1100 \text{hPa}$	1.5hPa/mb	0.1hPa/mb
海拔	$-2000 \sim 9000 \text{m}$	15m	1m
风寒	$0.4 \sim 40 \text{m/s}, \ -45.6℃ \sim 10.0℃$	$1℃$	$0.1℃$
热力指数	$21.1℃ \sim 54.4℃, \ 0 \sim 100\% \text{RH}$	$2℃$	$0.1℃$
露点温度	$-29.0℃ \sim 70.0℃, \ 20.0\% \sim 95.0\% \text{RH}$	$2℃$	$0.1℃$
湿球温度	$0℃ \sim 37.8℃, \ 5.0\% \sim 95.0\% \text{RH}, \ -2000 \sim 9000 \text{hPa}, \ <6000 \text{m}$	$2℃$	$0.1℃$

采用标准锂电池，可更换，能保证操作至少 300 小时。如果风速仪在超过 45 分钟都没有任何操作的话，将会自动切断电源。采用低功耗微处理器，明亮 LED 显示，可读取当前风速、最大风速、平均风速并能选择风速单位。便携式包装，防水、防震设计，能漂浮在水上。

 二十、液相色谱仪

（一）操作方法

1. 开机。

依次接通 Waters e2695 分离单元、检测器和电脑，仪器开始自检，大约 5 分钟自检完毕，仪器画面上方的状态显示区会出现 "Idle" 状态，表示开机测试正常。

2. 溶液管路系统准备。

（1）准备溶剂瓶。

必须用色谱纯有机溶剂，水或缓冲盐溶液要用超纯水；水相流动相需要每隔48小时重新配制，特别是100%含水流动相的使用时间不得超过两天；首先要检查6根管子是否在液面下，必须确保6根管子全部插到溶剂瓶的底部；溶剂瓶液面必须高于溶剂混合阀的位置；而洗针液的溶剂瓶应放于试验台面上，与2695仪器底部位于同一水平面上；清洗柱塞密封垫的溶液为含5%～10%甲醇；洗针液为50%～100%甲醇的超纯水。

（2）灌注柱塞密封清洗泵。

回到 Menu 画面，选择【Diag】；确定 Seal Wash 的管路放在正确的位置；按【Prime Seal Wash】，再按【Start】，直到清洗溶剂流出泵杆密封圈冲洗废液管，按【Halt】，按【Close】。

（3）灌注针头清洗泵。

回到 Main 的画面，选择【Diag】，选择【Prime Seal Wash】；缺省设定值为30秒，若想要多清洗几次时，请按【Start Again】。

（4）打开真空脱气机。

按【Menu/Status】键，进入 Status 画面，利用方向键，将光标移至【Degasser】位置，按【Enter】。利用上下键，选择模式为【ON】。注意在开启真空脱气机时，要确认所有溶剂管路都充满溶剂；若没有溶剂时请执行溶剂的 DryPrime 操作。

（5）执行干灌注。

当溶剂的管子是空的时候，或不小心走干溶剂的时候，执行干灌注。首先检查确认流动相溶剂的管子在正确的位置，检测器废液管及定量环的废液管置于合适的废液容器中；摇动溶剂瓶内的过滤器，防止气泡附着在过滤器表面；将空的针筒插入抽液阀中，打开抽液阀（以逆时针的方向将抽液阀旋转3圈）；按【Menu/Status】键，进入 Status 画面，按【Direct Function】功能键，选择【Dry Prime】，按【Enter】；按下欲使用的溶剂开启阀门，然后将针筒向外拉，抽出约5ml～10ml溶剂并完全抽出溶剂管子内的气泡，完成后关闭【Prime/Vent】阀门；在【Enter a Duration】中输入3分钟，按【Continue】键，泵即以3.0ml/min的流速进行清洗；重复上述步骤，对所有要使用的流动相溶剂进行 Dry Prime。

（6）执行湿灌注。

当需要排除气泡时，执行湿灌注。按【Menu/Stams】键，进入 Status 画面，利用方向键将光标移至【Composition】字段，将欲 Wet Prime 的溶剂输入100%；按【Direct Function】功能键，选择【Wet Prime】，按【Enter（Wet Prime）】的设定值，一般为 Flow Rate：7.5ml/min，Time：3.0min，然后按下【OK】键。泵，即开始进行 Wet Prime 操作；重复上述的步骤直到对所有溶剂的 Wet Prime 执行完毕。

（7）冲洗进样器。

改变溶剂时，或发现注射器及其管路内有气泡时，每天开机和关机的时候要冲洗进样器。按【Menu/Stams】键，进入 Status 画面，在设定溶剂的画面中设定适当的流速与溶剂比例；按【Direct Function】键，选择【Purge Injector】，按【Enter】；输入静样

（Sample Loop）体积清洗的倍数（原定值为 6 倍），按【Enter】；压缩测试，先不需要测试，设定完成后按【OK】。

（8）装载样品转盘。

打开样品管理器门，放入样品盘；若要换下一个样品盘时请按【Next】；将样品瓶放入样品盘内，并记录各瓶号名称；当所有样品盘都放入时，关起舱门，转盘会自动定位。

（9）色谱柱的安装。

将色谱柱按照标签上的箭头方向连接到进样器或保护柱的出口端，标签上的箭头指向检测器流向，在 0.1ml/min 流速条件下用 100% 纯甲醇或乙腈冲洗色谱柱，然后在 5 分钟内将流速升至 1ml/min；当溶液均匀地从柱子出口流出时，停掉流速，将色谱柱出口端接到检测器上（这样操作可以避免气泡进入检测系统，并且可快速达到基线平衡）；同样在 5 分钟内将流速升至 1ml/min，当压力达到稳定值时即可进行平衡柱子。

3. QuickStart 界面操作。

双击电脑桌面上的【Menu/Stams】快捷图标，出现 Empower 登录界面，输入用户名 system 和密码 manager。

（1）登录 Empower 的 QuickStart 界面。

选择【QuickStart】界面，点击【确定】，然后选择待选定的操作项目以及色谱系统，单击【确定】。

（2）新建项目。

项目是方法、结果、自定义字段、视图筛选器和原始数据的集合，由用户定义，该集合驻留在 Empower 数据库中并在"浏览项目"中显示。

（3）编辑仪器方法和方法组。

①编辑 2695。

监视区单击方法组编辑向导，选择【新建】选项，弹出仪器方法编辑器，单击 2695，弹出 2695 编辑界面；通用编辑页面中，可选择单次输送体积，不同的单次输送体积能选择的流速范围不同，建议使用 130 微升，流速范围比较大；查看脱气选项，确认设置正确，流量选项中设置泵模式、总流量以及流动相配比，设置等度/梯表度；温度选项中设置所需控制的温度；溶剂选项中注明各通道中所用的溶剂。

②编辑 2998。

单击 2998，弹出 2998 编辑界面，采集 3D 数据，在通用栏中选择其用 3D 数据，输入检测波长的范围（如 200～600nm），PDA 检测器"快速"时需设置到 1.2nm；采样速率以一个色谱峰上的采样点不少于 15 个点为准；采集 2D 数据，点击 2D 通道，可同时采集 8 个不同波长的通道的数据。

③保存仪器方法和方法组。

点击【文件】，选择【另存为】，输入仪器方法名称，点击【保存】；点击【文件】，选择【退出】；在被选项中选择所需的仪器方法名称，点击【下一步】；在下拉菜单中选择所需的处理方法和报告方法，点击【下一步】；输入方法组名称，单击【完成】。

④单进样。

单击【单进样】图标，进入定义单进样参数编辑界面，输入样品名、功能、方法组等参数。点击【进样】图标。

⑤使用向导建立样品组和样品组方法。

选择【运行样品】，然后单击【样品队列】，进入样品列表；单击新建样品组向导，建立样品组；选择创建样品组方法类型为"LC 或 PDA/MS"，然后点击【定义样品板】；在"选择标准进样在那里开始"中选择合适的选项，检查开始加载样品瓶的位置是否正确，点击【下一步】；在描述标样中需要设置以下内容：样品组中的标样数、每瓶标样进样次数、进样体积、运行时间、方法组，点击【选项】，输入下一进样延迟时间、点击【下一步】；在识别标准样界面中，输入标样名称，增量后缀使用1，在识别样品界面中，输入样品名称，增量后缀使用a，点击【下一步】；运行模式选项中选择"只测试"，查看摘要，点击【下一步】；点击【完成】，在菜单栏中选择文件，为方法组命名并保存样品组方法；单击【样品队列】，打开运行样品窗口，点击运行当前样品组方法键，选择运行，选择需运行的样品组名称，点击【运行】，样品组运行过程中，在"正在运行"栏中正在运行以及运行完毕的样品以红色显示。

4. Pro 界面操作。

（1）登录 Empower 的 Pro 界面。

选择 Pro 界面，点击【确定】，然后选择待选定的操作项目以及色谱系统，单击【确定】。

（2）新建项目。

双击【配置系统】窗口，出现配置管理器窗口，选择菜单"文件—新建—项目"，出现"新项目向导"的对话框，单击【下一步】；出现"新建项目向导—表空间"，"表空间"中接受 50MB 的表空间缺省设置，设置完成后，单击【下一步】；出现"新建项目向导—选项"，选择用于本项目的选项"PDA"和"系统适应性"，单击【下一步】；出现"新建项目向导—访问控制"，根据需要选择设置对你所创建的项目具有访问权限的用户和用户组，或者接受缺省的选项，如果无法确定适当的设置，请接受默认选项，然后单击【下一步】；出现"新建项目向导—复制所选项"，接受默认选项，然后单击【下一步】；出现"新建项目向导—输入名称"，输入项目的名称，然后单击【完成】来结束新项目的创建。

（3）数据的采集。

登录 Empower 的 Pro 界面，选择运行样品窗口，出现"样品运行"对话框，在左侧选择项目，在右侧选择对应的色谱系统，然后单击"确定"，进入运行样品窗；选择"创建方法组"，调用方法组编辑向导，出现"新方法组—选择仪器方法"，可以在现有的仪器方法中选择一个，或者单击【新建】来创建新的仪器方法，出现仪器方法编辑器。

5. 数据的处理和结果的查看。

（1）建立 2D 数据处理方法。

QuickStart 和 Pro 两个操作界面的数据处理相同，都是进入【浏览项目】窗口，在【样品组】中选择目标样品组；在样品组上点击鼠标右键选择查看相关通道，样品组在单个通道中显示；选择最低浓度的标样，点击鼠标右键，选择下拉菜单中的查看，会显示未处理的色谱图形；点击处理方法快捷键，选择创建新处理方法，点击【确定】；确认处理类型为 LC，积分方式可选择为传统，再点击使用处理方法向导，选择确定；常按鼠标左键，选择色谱图上最窄缝；在色谱图的积分界面选择一段平滑的基线作为积分的阈值，点击"下一步"；常按鼠标左键，在基线上选取积分的起始时间点；建议选择最小峰高，选择所要积分的高度最小峰（或键入相应数值），小于此峰高 90% 的峰将不被积分，点击【下一步】；定量方法选择"面积"，组分面积选择"含量"，校正类型选择"线性"，点击【下一步】；跨通道内标样界面点击"否"；因为选择的是标样，点击峰 1 可以看到一个下拉菜单选择相应的组分名称或者输入运行样品相应的名称；添加于组分名称相匹配的标准含量，然后点击【下一步】；选择外标法（选择单一内标样，需要在下拉菜单中选择或输入内标相应的名称；选择多重内标需要输入所有内标的名称，然后点击【下一步】）；为处理方法命名，点击【完成】；点击【浏览项目】键，选择"通道"或"样品组"标签栏，右键点击目标样品组或通道并选择处理；在处理界面，选择使用指定的处理方法，选择相应的处理方法名称，点击清除校正，选择校正并定量；点击【确定】，数据处理，产生结果，可在结果栏中查看。

（2）建立 3D 数据处理方法。

单击【浏览项目】键，在"样品组"中选择目标样品组；在样品组上点击鼠标右键选择查看相关通道，样品组在单个通道中显示；选择最低浓度的标样，点击鼠标右键，选择下拉菜单中的查看，在预览界面选择"轮廓线"标签栏，会显示未处理的轮廓图；从处理下拉菜单中选择提取色谱选项；输入所需要提取的波长，点击回车键，得到该波长的色谱图；点击处理方法快捷键，选择创建新处理方法，确认处理类型为 PDA，积分方式可选择为传统，再点击使用处理方法向导，点击【确定】。

（3）查看结果和视图筛选。

选择【结果】标签栏，使用视图筛选器从下拉菜单中选择【今天】；选择需查看的结果，右键点击选择预览。

6. 预览结果并创建一个综合报告方法。

点击【浏览项目】，切换回结果表预览状态；选中一个或多个结果，点击鼠标右键选择预览；若选取一个结果，在预览窗口选择使用以下方法——使用缺省单个报告，单击【确定】；预览报告并查看数据，点击【编辑方法】键修改报告；双击色谱图或峰结果表编辑报告属性；点击文件，选择保存，为新建的报告方法命名。

7. 关机。

实验结束时，应先让泵的流速降至 0ml/min 时，再关闭软件和电脑，最后关闭色谱仪和检测器电源开关，如图 2 – 28 所示。

图 2 – 28 液相色谱仪

（二）注意事项

1. 检查溶剂滤头：每日检查溶剂滤头，堵塞的溶剂滤头导致溶剂无法正常输入系统，管路内出现大量气泡，造成系统压力波动大。建议每月用甲醇：水 = 1：1 超声 30 分钟。必要时可用 30% 硝酸超声 30 分钟，再用大量水超声清洗干净。

2. 检查柱塞杆清洗溶液：每日检查柱塞杆清洗溶液，清洗溶液是否够用，及时添加，入口管是否脱离液面，清洗溶液是否正常出液，及时灌注，必要时用洗耳球吸。

3. 检查洗针溶液：每日检查洗针溶液，洗针溶液是否够用，及时添加，入口管是否脱离液面，洗针溶液是否正常出液，及时灌注，必要时用洗耳球吸。

4. 检查进样针筒：每日检查进样针筒，是否有气泡，导致重现性降低，及时 purge injector。

5. 每周清洗各个溶剂瓶，要用刷子刷洗瓶壁和瓶底，再用甲醇：水 = 1：1 超声 30 分钟。可有效避免溶剂滤头和在线过滤器堵塞，以及某些基线问题；每周用纯有机相灌注四个管路 10 分钟，可有效避免管路长菌污染；每当使用缓冲盐溶液后，必须用纯水 0.5ml/min ~ 1.0ml/min 冲洗系统和柱子 4 小时以上或过夜。

6. 建议每年更换一次易损件，经常使用高浓度的缓冲液，建议每 6 ~ 9 月更换一次易损件。易损件包括：柱塞密封圈、清洗密封圈、柱塞杆、在线过滤芯、单向阀、进样器密封圈、进样针、进样针筒、溶剂滤头。

　二十一、人工气候箱

人工气候箱（见图 2 - 29）通过一个例子介绍其使用方法。

图 2 - 29　人工气候箱

例：设备需要 120 分钟后进入工作，工作 10 个周期，每个周期设定 2 段，第一段需要工作 720 分钟，温度控制在 30℃，光照度为 6 级，湿度控制在 60% RH；第二段需要 1200 分钟，温度控制在 10℃，光照度为 4 级，湿度控制在 50% RH。

1. 长按【设定/查询】键 4 秒，进入总设定界面。

2. 点击【▶】键，将光标切换到总周期的数值上，使用【▲】和【▼】键，将总周期设定值修改为 10；再点击【▶】键，光标停在总段数的数值上，将总段数设定值修改为 2；再点击【设定/查询】键，光标停在预约时间的数值上，将预约时间修改为 120 分钟。

3. 然后点击【设定/查询】键，进入第一段设定界面，光标停在温度的数值上，将温度设定修改为 30℃；点击【设定/查询】键，光标停在湿度的数值上，将湿度设定值修改为 60% RH，再点击【设定/查询】键，光标停在光照度数值上，修改光照度设定值为 6 级；再点击【设定/查询】键，光标停在时间的数值上，修改时间设定值为 720 分钟。

4. 再点击【设定/查询】键进入第二段的设定状态，按照上述方法依次将温度、湿度、光照度和时间的设定值修改为 10℃、50% RH、4 级；最后长按【设定/查询】键 4 秒，推出设定界面，返回到主界面，设定完毕。

5. 长按【R/S】键 2 秒，控制器开始按照预约时间计时，运行状态显示："预约时间…"，120 分钟后，程序开始运行第一段。

6. 程序进入第一段后，如果内部参数中的计时方式为 0，则此时计时开始，运行状态显示："正在计时…"；如果计时方式为 1，则此时运行状态显示为："正在运行…"，当温度到达设定值时，计时开始，如果计时方式为 2，则当温湿度均到达设定值时，计时开始。

7. 第一段计时结束后进入第二段，第二段计时结束后，进入第二周期的第一段，以此类推；当第 10 周期第二段计时结束后，程序运行结束，关闭所有输出，蜂鸣器鸣叫（按任意键消音）。

注：当湿度设定为 0 时，加湿和除湿均不开启，可作为生化箱使用。

 ## 二十二、全自动酶标仪

（一）开机

打开背面的电源开关，等待约 5 秒钟，点击进入系统如图 2-30 所示，酶标分析仪开机初始化流程要完成以下系统程序：

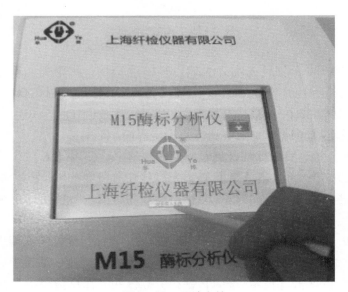

图 2-30　系统自检

1. 系统自检。
2. 读取用户数据。
3. 前端初始化。
4. 等待光源稳定：仪器需要等待光源稳定约 10 分钟（如果光源不稳定，将会影响测试结果）。

5. 光路自检：期间滤光片轮会转动，微孔板将往返走板一次。

初始化过程中如果有错误发生，系统会弹出窗口报告错误信息。用户可参考使用说明书"系统维护"一章中的"简单故障处理"进行检查。

开机自检通过后，进入主菜单窗口，如图 2 - 31 所示。

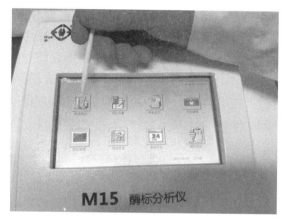

图 2 - 31　主菜单窗口

（二）样品测试

布板参数设置：在主菜单中按样品测试键，进入图 2 - 32。

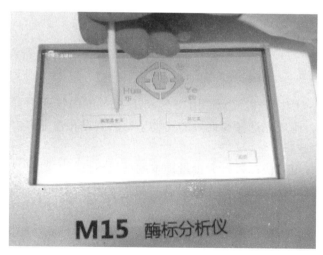

图 2 - 32　样品测试窗口

1. 在进行样品测试和项目设置之前，要先进行项目的分类选择。

目前共支持两大类：真菌毒素类、其他类。可以在对应的分类中增加相应的项目，方便进行项目的分组管理。选择完一个分类后，进入对应的分类项目中，每个分类只显示包含项目。

2. 选择测试项目：

（1）在右侧"项目列表"中，选择所需的测试项目。

（2）在界面左侧会显示检测项目的参数，确定项目的测试参数是否满足测试要求。

（3）如满足测试要求，则点击【测试】键，进入布板参数设置。

（4）如不满足测试要求，则点击【修改】键，进入界面修改对应参数保存即可按步骤 C 进行操作。

3. 布板窗口。

设定完成以上参数后，按【测试】键，进入布板窗口，如图 2 - 33 所示。

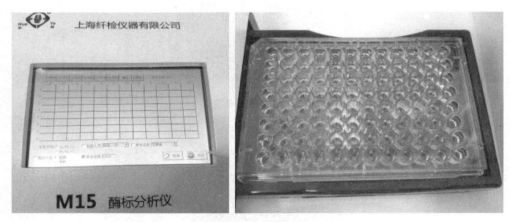

图 2 - 33　样品测试窗口

（三）布板设置

1. 样本数布板：酶标分析仪允许用户在 96 孔板范围内任意设置孔位，窗口上方是孔的类型选择开关，用户先选择要设置的孔类型，然后在孔位上点击即可。

2. 全选功能布板。

利用全选功能，可以快速进行大批量样本的布板。按样本键进入，输入起始样本号（1 ~ 999），按确定键退出，点击设定起始孔，再点击设定结束孔，按照指定的布板方向完成指定区间的孔位样本递增布板，如图 2 - 34 所示。

设置标准孔时先输入标准品的重复个数，可以支持 3 个标准样品重复；检测之前要先设置好检测人员和样品名称，可以在"参数设置"界面里，预先设置好支持的所有检验人员和样品名称。

3. 全清除。

按【全清除】键，系统提示并将清除原先设定的所有项目及其孔位。

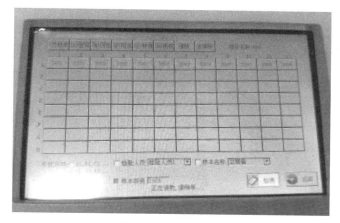

图 2 − 34　布板设置

（四）开始测试

按【检测】键，系统确认布板无误后，开始进行走板测试。

如果定量项目第一次使用，会检测是否进行过定标，如果未定标则会提示。测试过程中如发生错误，系统会自动弹出提示错误信息。

（五）结果显示

走板测试结束，系统自动进入吸光度显示窗口。

测试的吸光度显示结果如图 2 − 35 所示。

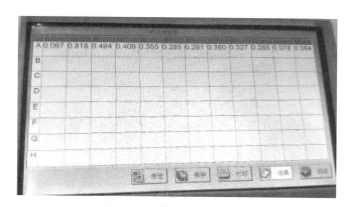

图 2 − 35　样品测试的吸光度

按【打印】按钮可打印整版的吸光度结果，如果是定性或定量项目可以点击【结果】按钮，退回到布板界面可以点击【返回】按钮。

在吸光度显示窗口中按【结果】键，酶标分析仪将根据定量计算公式自动显示食品中有毒有害物质的浓度定标结果，如图 2 − 36 所示。

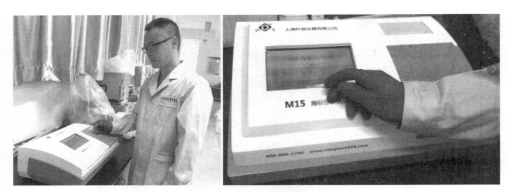

图 2 – 36　酶标分析仪

二十三、真空冷冻干燥机

（一）操作方法

真空冷冻干燥机（见图 2 – 37）采用彩色液晶触摸屏操作，大容量 FAT32 文件系统，可以存储多组冻干数据。标配 USB 接口，连接 U 盘后可以导出数据，系统能够以曲线显示样品温度、冷阱温度、真空度等工作参数。

图 2 – 37　真空冷冻干燥机

1. 打开主电源开关，系统显示"开机界面"，如图 2 – 38 所示。

图 2 – 38　开机界面

2. 点击屏幕中央进入"主操作界面",如图 2 – 39 所示。

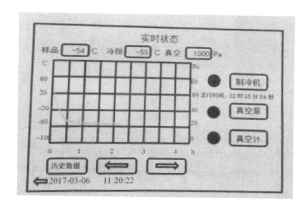

图 2 – 39　主操作界面

(1) 样品摆放:

①把预处理物品摆放在物料盘中,再将物料插放到冻干架上。

②将温度传感器放置在任一层的物料盘中,用于测定物料的温度。

③将冻干架放入冷阱中,盖好保温盖,准备预冻。

(2) 样品预冻:

①打开后板主电源开关,控制系统显示开机界面。

②点击屏幕中央进入如图 2 – 39 所示界面后,点击"制冷机"按钮,预冻开始(建议预冻 4 小时左右)。

③待物品完全冻结后,将冻干架从冷阱中取出。

(3) 样品干燥:

①将冻干架从冷阱中取出,再将冻干架支撑盘放置到冷阱口后,将冻干架放置到支撑盘上。

②将探头放置到任意一层的物料盘上，将有机玻璃罩把冻干架罩起来。

③拧紧排水充气阀门。

④从低温冰箱中取出预冻好的冻干瓶，并与有机玻璃罩上的标准管塞连接，将管塞插入冻干瓶的中心，装好后转动阀翼使之垂直朝下，冻干瓶与有机玻璃罩内连通，如图2-40所示。

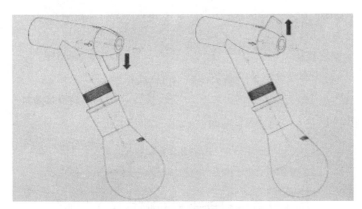

图2-40　冻干瓶与有机玻璃罩内连通

⑤点击屏幕上"真空计"按钮，屏幕显示真空度为110KPa，然后点击"真空泵"按钮，真空泵开启。真空度迅速下降，至真空度≤10Pa为正常，干燥正式开始（建议干燥24小时左右，具体根据物料含水量不同，由用户自行确定）。

（4）样品取出。

①查看样品曲线及目测样品已完全干燥，即可打开排水充气阀后，点击屏幕"真空泵"按钮，关闭真空泵。点击"真空计"按钮，关闭真空计。

②取下有机玻璃罩，从冻干架上取出物料盘，将盘中样品包装。点击"制冷机"按钮，关闭制冷机，干燥进行完毕。

③如果在冻干的过程中需要更换冻干瓶或者将干燥结束的冻干瓶取下，请先转动阀翼使之垂直朝上，此时冻干瓶与有机玻璃罩隔绝，与大气连通，同时瓶内充气，取下冻干瓶。

④如果冻干瓶与物料盘内样品全部干燥结束，应先取下冻干瓶，然后充气、关闭真空泵、真空计。取下有机玻璃罩，保存样品。请勿连带冻干瓶取下有机玻璃罩，避免冻干瓶在常压状态下与有机玻璃罩脱离损毁。

（5）关机操作。

①关闭主电源开关，整机控制系统断电。

②拔下电源插头、真空泵插头。

③用软布擦拭冷阱、冻干架、托盘及有机玻璃罩。

④真空泵在不工作的时候请盖上排气孔，防止灰尘进入。

（二）注意事项

1. 取放物品时，请佩戴防冻手套，防止冻伤。
2. 冻干结束后，应先充气，然后关闭真空案，防止真空泵返油污染样品。
3. 设备充气时速度要缓慢，禁止把充气排水阀瞬间开大，以免损坏真空传感器。
4. 禁止使用有机溶剂（如酒精、丙酮等）清洁有机玻璃罩。
5. 使用前需观察冷阱内的积水是否已排放，否则影响使用效果。

二十四、立式压力器

（一）操作方法

1. 堆放。

（1）旋转手轮拉开外桶盖取出灭菌网篮取出挡水板。

（2）关紧放水阀，在外桶内加入清水，水位至灭菌桶搁脚处（挡水板下）。连续使用时，必须在每次灭菌后补足水量。

（3）放回挡水板，把灭菌网篮放入外桶。灭菌的物品予以妥善包扎，有顺序地放入灭菌网篮内。相互之间留有间隙，有利于蒸汽穿透，提高灭菌效果。

2. 密封：容器盖密封前，应仔细检查密封圈安装状态，密封圈应完全嵌入槽内，保持密封圈平整。

（1）推进容器盖，使容器盖对准桶口位置。

（2）顺时针方向旋紧手轮直到关门指示灯灭为止，使容器盖与灭菌桶口平面完全密合。并使连锁装置与齿轮凹处吻合。

（3）用橡胶管连接在放汽管上，然后插没到一个装有冷水的容器里，并关紧手动放汽阀（顺时针关紧，逆时针打开）。在加热升温过程中，当温控仪显示温度小于102℃时，由温控仪控制的电磁阀将自动放气，排除灭菌桶内的冷空气。当显示温度大于102℃时，自动放气停止，此时如还在大量放气，则手动放气阀未关紧，应及时把它关紧。

3. 加热。

（1）在确认容器盖已完全密闭锁紧后，此时可开始设定温度和灭菌时间。

（2）设定方法：

①按一下【设定】键，出现"S－T XXX"：设定温度值（℃）。

②再按一下【设定】键，出现"S－C XX"：设定定时时间（分钟）。

③再按一下【设定】键，出现"S－E XXX"与温度显示误差校正有关，输入密码"088"，按设定键进入内部参数设定后，按【▲】【▼】修改温度校正值。如果不输入密码或密码有误，则进入④。温度校正值按以下方法计算：

a. 若实际温度为 17.3℃，而显示温度为 15.0℃，则校正值 = 17.3 − 15 = 2.3℃。

b. 若实际温度为 13.2℃，而显示温度为 15.0℃，则校正值 = 13.2 − 15 = −1.8℃。

④再按一下【设定】键，出现"XXX"过 2 秒钟后，自动返回到温度显示，完成设置。

⑤按一下【工作】键，"工作"指示灯亮，系统正常工作，进入自动控制灭菌过程。若门未关闭，按【工作】键，加热器电源不工作。

4. 灭菌。

（1）本设备安全阀整定压力为 0.25Pa，温控仪只能低于安全阀整定数才有效。否则将由安全阀控制灭菌压力温度。

（2）当设定温度和灭菌时间完成时，电控装置将自动关闭加热电源，"工作"指示灯"计时"指示灯灭，并伴有蜂鸣声提醒，面板显示"End"，此时灭菌结束。

（3）灭菌结束后，必须先将电源切断，待其冷却直至压力表指针回至零位，再打开放汽阀排尽余气，才能旋转手轮把外桶盖打开。对物品在灭菌后要迅速干燥，可在灭菌终了时将灭菌器内的蒸汽通过放汽阀予以迅速排出使物品上残留水蒸气得到蒸发。灭菌液体时严禁使用此干燥方法，如图 2 − 41 所示。

图 2 − 41　立式压力器

（二）注意事项

1. 容器盖关闭密封时，应注意密封圈应完全嵌入槽内，平面与桶体应完全接触，不应有错位。

2. 每次使用前注意注入水源，防止干烧，损坏电热管。

3. 灭菌器上盖工作状态处于高温，请勿触摸，防止灼伤皮肤。

4. 灭菌周期完成后，当灭菌器内压力降到"0"位，方能打开容器盖，以防止蒸汽灼伤。

5. 在灭菌过程中，不要把脸和手靠近安全阀以免热的水蒸气突然从安全阀中喷出，造成重大伤害。

6. 不要把物品放在安全阀上面阻碍它的打开。

7. 在使用中，当压力表指示超过 0.212MPa 时，安全阀不能开启，应立即切断电源，冷却至 0MPa 时，更换安全阀。

 ## 二十五、漩涡混合器

（一）操作步骤

1. 将漩涡振荡器放置于平整稳定的工作台面上，并将其调整水平。
2. 接通电源，打开电源开关。
3. 调至适当转速使用。
4. 使用完毕后调低转速至停止，关闭电源，如图 2 - 42 所示。

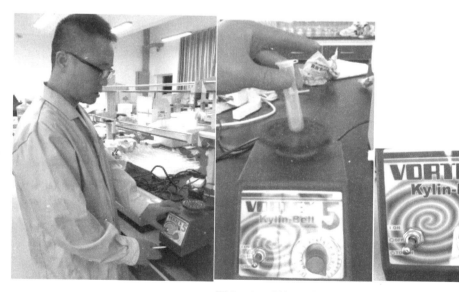

图 2 - 42　漩涡混合器

（二）注意事项

1. 运转 100 小时后，机器上所有的螺帽、螺栓和紧固件都要彻底检查一遍，如有松动要及时紧固。

2. 不允许再不紧固的情况下开机。

3. 不允许在超负荷的情况下开机。

4. 如通电后有异常情况，请检查线路。

 二十六、切片机

（一）操作方法

1. 使用前：请先打开切片机和烤片机的电源。放下手柄的固定器。用机器左侧的选择按钮调整标本与刀片之间的距离。

2. 将包好的石蜡标本固定于夹具上：刀片固定在刀具上。

3. 再次调整刀片与石蜡标本之间的距离。

4. 首先用 $20 \sim 40 \mu m$ 的修片厚度进行修片。切到目标部位时，调整至正常的切片厚度。

5. 切好的石蜡片写好标本名字。

6. 用完后调整回夹具与刀片的距离，卸下刀片，如图 2 - 43 所示。

（二）注意事项

1. 每次使用完毕后应彻底清理实验垃圾，保持清洁。

2. 避免刀片与标本夹具之间的距离过近，引起机器损伤。

图 2 - 43　切片机

二十七、摊烤片机

（一）操作方法

1. 摊片水锅加水至锅容积 2/3 的位置。

2. 接通电源，打开电源开关。

3. 使用时应先设置摊片、烤片温度，具体操作如下：

（1）摊片。打开电源开关，按摊片【设置】键，摊片显示屏出现"Pxx"，标志进入设置状态，所显示温度为设置温度，按摊片【温升】键，温度上升，按摊片【温降】键，温度下降，调至所需设置温度后，该温度即自动存入电脑芯片，按摊片【启停】键后，摊片显示屏立即显示"摊片水锅"的实际温度，显示屏出现 C××进入工作状态。

（2）烤片。温度设置方法同摊片。

4. 每次使用时若不想改变原设置温度，按摊（烤）片【启停】键后即可摊（烤）片，如图 2－44 所示。

说明：P □□ P 表示设置温度；C □□ C 表示工作温度，机器处于工作状态；
□□ 表示当前温度，机器处于停机状态。

（二）注意事项

1. 开机前，摊片水锅必须加水，烤片锅严禁加水。

2. 提起摊片锅时，应切断电源。

3. 使用时，良好接地。

4. 面板上的按键在使用过程中应轻按，操作时动作不能过猛。

5. 机器设备应水平放置，通风良好，不能靠近热源。

图 2－44 摊烤片机

二十八、–86℃超低温冷冻储存箱

1. 接通电源，将电源开关打开。

2. 系统初始键盘锁定密码设置为"0000"，在未打开密码之前，按"温度设置"，"低温下限""高温下限"均无效。但显示器显示解码显示界面"PA"。

3. 密码解除方法：按下"密码"键，显示数码闪烁并显示界面"PA"，然后按动【▲】键，显示解码代号"PA"解除，每按动【▲】键一次，显示数码将按千位到个位依次停止闪烁，然后在停止的数位上，再按动【▼】键选择所需的密码，直到四位正确密码完全输入为止，按下【确认】键，显示器显示正确的密码，密码解除；在密码解除状态下，方可进行各项功能及参数修改和设定；若在密码解除后5分钟内无任何操作，系统将再次进入密码保护工作状态。

4. 密码设定方法：在密码正确解除状态下，按下【密码】键，显示数码闪烁并显示界面"P0000"，按后按动【▲】键，每按动【▲】键一次，显示数码将按千位到个位依次停止闪烁，然后在停止的数位上，再按动【▼】键选择所需输入新密码，直到四位新密码完全输入为止，按下【确认】键，显示器显示正确新密码，系统将进入新密码工作状态，15秒后显示器恢复正常显示状态。

5. 静音：按下【静音】键，静音键上方静音状态指示灯亮，显示报警蜂鸣器处于报警关闭状态，在任何故障状态下蜂鸣器鸣叫都处于关闭状态。

6. 静音解除：按下【静音】键后，静音状态指示灯灭，表示报警蜂鸣器处于报警打开状态，此时若报警则蜂鸣器鸣叫，待系统恢复正常后报警蜂鸣器叫声自动停止；或再次按下【静音】键，静音状态指示灯亮，蜂鸣器鸣叫处于关闭状态，报警蜂鸣器鸣叫停止。

7. 温度设定：按【温度设置】键进入温度设定状态，显示数字由正常变为闪烁（显示上次的设定参数值），每按一次【▲】键温度设置值将上升1℃，每按一次【▼】键温度设置值将下降1℃，（每按一次进或退一位数，按住3秒后进入快速调整状态）设定完成后，按下【确认】键设定生效，显示器停止闪烁；若未按下【确认】键，显示器仍保持闪烁，系统仍按设定前的设定参数进行运行；15秒后停止闪烁，自动恢复到温度显示状态，如图2–45所示。

 二十九、数显恒速高速分散均质机

（一）电机部分操作方法

1. 本机采用单相三线制，所需电源插座规格为220V、10A三孔插座，插座必须有良好的接地，严格注意不能接错接地线。

图 2 – 45　　 – 86℃超低温冷冻储存箱

2. 本机在输入电源前，请认真检查电源开关是否处于【OFF】关闭状态，避免由于电源输入主机突然启动，造成操作者人身伤害和实验设备、实验物料等损坏。

3. 本机输入电源后，开启【ON】电源开关，数字显示红色［00.0］起始状态。触摸【▲】按钮，运行转速逐渐提升，显示数字逐渐增大；触摸【▼】按钮，运行转速逐渐下降，显示数字逐渐减少。但在实验前，应先进行电机运转试验，试验时不要安装分散均值工作头。

4. 本机运行状态数字显示用千位进率，转速的单位为千转/分（1000r/min）。在实验进行中，由于参与实验的物料增加、粉碎及与介质的混合，液体搅拌惯性等原因，使运行转速不断发生变化，数字显示不断波动；反之，数字显示系统为故障状态。

5. 本机的工作方法为断续，禁止连续运行。为保持电机的安全性能，延长设备使用寿命，运行 5 分钟，必须停机 3 分钟。

6. 本机工作完毕后，触摸【▼】按钮至数字显示［00.0］起始状态，关闭电源开关，切断电源，拔出插头。并及时清洗分散均质工作头，便于下次使用。

（二）分散均质工作的操作方法

1. 本机的分散均质工作头严禁离开液体介质运行。避免机械部件在高速运行时无液体介质保护而损坏，造成机械故障。

2. 本机配置的工作头，应根据实验物料的数量选择合适的工作头进行实验。

3. 工作头拆装步骤：

（1）安装时请用手护住工作头，另一只手的手指按下联轴器固定圈，把传动销对准电机上的传动槽插入，再转动工作头，使联轴器上部定位槽对准电机上防旋销，然后，手指松开联轴器固定圈，固定圈自动复位，工作头安装完毕。

（2）拆卸时，请用手护住工作头，按下联轴器固定圈使之到位，工作头整体向下稍稍用力即可卸下。但不能用力过猛，使工作头的头部撞击底座平板，造成变形损坏，如图 2-46 所示。

图 2-46　数显恒速高速分散均质机

三十、高速冷冻离心机

（一）操作方法

打开高速冷冻离心机（见图 2-47）电源开关后，如果离心机门没有关闭，液晶显示屏显示上次调用的模式参数，如果离心机门关闭时，离心机进入自动转子识别状态，离心机在低速运转，液晶显示屏里的数值将全部闪烁显示【88888】，且所有按键操作无效。离心机安装转头，液晶显示屏将显示安装转子的转头型号，及当前模式下所有离心参数。离心机没有安装转头，显示屏转速窗口内的显示【E--88】，表明离心机未安装转头或安装的转头不是该型号离心机适配的转头，需要安装和重新确认转头。待转头安装正确，转头型号识别后，离心机分别显示出离心室的实际温度、当前模式下的时间、转速、离心力、升降挡和该转头的转头型号、最高转速，此时你如果想对"温度""定时""转速""离心力"等参数进行修改，可以按以下方法进行操作。

图 2-47　高速冷冻离心机

1. 参数设置。

按下【设置】键，时间窗口的小时位数字闪烁，等待用户设置参数，按【▲▼】键，闪烁窗口内数值翻转，当数值翻转到用户所设置数值后，用户按【▶】键移到下一窗口。下一窗口数值闪烁等待用户设置，设置方法和上述操作相同。转速和离心力的设置过程中是相互转换的，在设置转速时离心力也跟着变化，离心力设置时转速也随离心力改变而变化。在操作过程中发现设置过的参数需要修改可按【◀▶】键，移动到所需修改的窗口，然后按【▲▼】键进行修改。等所有参数设置完后按【确定】键确认设置参数。机器将按用户设置的参数运转，离心机在运转过程中可随时对离心参数进行修改，修改参数是先按【设置】键，程序将记住上次最后修改窗口，并闪烁数值，按【◀▶】键切换窗口，移动到要修改的参数窗口，按【▲▼】键修改，修改后按【确定】键。

2. 模式编程。

离心机内每种转子含 10 种可编程程序模式和 10 种加减速挡。在每一种程序模式里，可存储不同的定时时间、转速、离心力、加速挡和减速挡。以便于用户根据需要对不同段式进行编程，以备以后使用时调用。

如果你想改变模式，按【模式】键，模式窗口开始闪烁显示，此时程序模式显示为当前程序模式，按【▲▼】键对模式进行修改，一直到你所需要的模式，按【确认】键确认，即调出你所需的模式。

如果你想对程序模式中设定的内容进行设置，按一次【模式】键，模式窗口闪烁，按【▲▼】键调出模式号，然后按【◀▶】键切换设置参数窗口，用【▲▼】键设置参数值，设置完成后按【确认】键确认并存储到机器中。在"模式"里设置或修改模式内参数，一次设置和修改，可多次重复调用。

注意：①每种程序模式中的加速和减速分别包含 10 个挡，其中 0 挡为最快挡，第 9 挡位最慢挡。②如果用户第一次使用某种转头，离心机软件将默认第一种程序模式；如果用户第一次使用程序模式，加、减速挡均默认的是第 5 挡。③如转头半径过大，加、减速将受限制。④在修改过程中如果长时间没有按【确认】键进行确认，则软件会自动进行确认，即延时确认。⑤10 种程序模式，各自独立，没有优先顺序，每种模式均可由用户根据需要设置。⑥只有在"模式"设置内才能存储离心参数。

3. 离心机提供短时离心功能，按住【点动】键不放，离心机开始按设定转速运转，如松开【点动】键，则离心机开始降速直至停止运转。

4. 开门。

机器在通电状态下且处于停止状态时，按【开门】功能键可打开门盖。

5. 应急解锁。

当机器出现故障或突然断电及使用开门键无法开门时，等待离心机完全停止工作后，可使用所配的解锁工具插入离心机应急解锁孔（机箱右侧的小圆孔）内，用力往里推，即可开门。

6. 报警提示。

报警提示如表 2 - 2 所示。

表 2 - 2　　　　　　　　　　　　　报警提示

报警音	报警音含义
嘀嘀，显示……	表示运转时不平衡
嘀 嘀 嘀，显示……	表示运转时门被意外打开
嘟嘟嘟，显示：------	表示转子阅读器受到干扰等，可能是操控板地线与电机外壳不通
嘟，显示：SL0 - 1	表示电机转速过慢，可能是 RS485 通信线问题、变频器字自动保护、电机转速线问题、电机堵转等
嘟，显示：Err01	表示未装转子，或所识别的转子不可在本离心机使用
滴 滴 滴 滴 滴 滴 滴	表示定时离心已结束
操作面板显示 HOLd	转头、吊杯运转寿命达到规定上限，与厂家联系

（二）注意事项

1. 接通电源前。

（1）每次使用该机前，应仔细检查该机所用的转头及离心管有无裂纹，或严重腐蚀现象，如有应立即更换。

（2）保持离心机腔体内清洁，防积水，防止有颗粒状杂物侵入。

（3）必须使用随机提供的转头，装配转头系统时，必须在仪器断电条件下操作。

（4）运输时，转头必须从内桶中拆下单独包装。

（5）所使用的电源电压必须与离心机的输入电压规格相同，即单相200V，50Hz，并保证电源输入端有保护接地线的独立专用插座，且使用的电源所能承受的负载电源在15A 以上。

（6）离心机只能用于特定的实验，严禁离心易燃、易爆、有剧烈化学反应及腐蚀性的化学品，否则会腐蚀腔体和转头等配件，严重时会导致机器损坏并危及人身安全。

（7）离心样品平衡放置后，双手需同时用力关闭离心机门盖，关门时应当心夹伤手指。

2. 使用过程中。

（1）"离心"状态指示在转动时，表示转子在离心腔体里旋转，切勿通过应急开锁孔强行开门。

（2）仪器加速或减速过程中，出现瞬间振动属正常现象，请切勿关断主机电源开关或操作面板上的【停止】键。

（3）离心机在运行过程中，若出现持续的振动现象，请按【停止】键，等电机停转（约需3分钟）后关断电源，打开离心机门盖，检查并排除振动原因。

（4）若出现不平衡现象（过幅振动），离心机会自动停止离心，操作面板上"不平衡"显示 △ ，并发出急保报警声，1~2分钟后，关断电源，开门检查原因。

（5）每次参数设定完毕，应按【确认】键以示确认。

（6）离心机运转中严禁拍打或移动。

（7）若出现中途掉电或强行关断主机电源开关等现象，切勿马上开门，必须等电机停转（约需5~10分钟）后方可开门。

（8）偶然出现的转速达不到设定要求、不制冷、显示紊乱等，可能系误操作所致，请按操作面板上的【停止】键，而后断电，稍等2~3分钟后重新操作。

（9）转速设定不得超过离心机的最高转速，以确保仪器安全运转。

3. 使用后。

（1）每次离心过程结束后，离心机将等待用户开门取样，按操作面板上的【开门】键，并向上轻拔门盖。若不开门继续离心，离心机将不响应。

（2）使用完毕后，应注意保护好离心机，尤其是转头和吊杯、提篮等，以防止酸碱液体玷污而产生腐蚀，可用软布沾中性清洁液擦拭转头、离心腔，确认干燥才能使用。

（3）离心机用完后请关上电源，保持门盖打开，使腔体内通风干燥。

（4）每次使用完毕应注意保持离心腔体内清洁，如有杂物可用干抹布轻轻抹去。

4. 请定期检查并清洁转头和样品插孔，以防止离心后残余物质对其污染或腐蚀。如转头、吊杯和提篮等有明显腐蚀或损坏，请联系厂家并更换原厂配件。

5. 使用环境的注意事项。

为了保证离心机工作稳定可靠，功能发挥正常，应确保其符合下列条件：

（1）环境温度：10℃~30℃。

（2）相对湿度：≤80%。

（3）电源连接条件：AC220V 50Hz。

（4）大气压力：86.0kPa~106.0kPa。

（5）使用环境应通风良好，确保无粉尘、絮状物、金属屑等杂物侵入机体内。

（6）周围环境中无导电尘埃、易爆炸气体和腐蚀性气体，防强电磁干扰。

（7）使用时放于稳固的水平工作平台/地面上，防振动。

6. 贮存和运输条件。

（1）包装完备的离心机，应贮存在相对湿度不超过 80%，无腐蚀性气体和通风良好的室内。

（2）离心机在包装状态下，按订货合同的要求进行运输，运输过程中应防止受到剧烈冲击、雨淋和暴晒。

三十一、凯氏定氮仪

（一）操作方法

1. 插上电源，开启凯氏定氮仪（见图 2 - 48）仪器电源开关，显示屏进入首页。

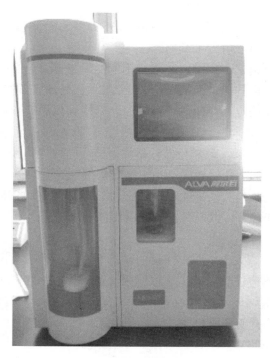

图 2 - 48　凯氏定氮仪

2. 设置。

碱泵校准、稀释泵校准、吸收液泵校准时用来校正泵在泵出试剂的过程中在管路中的损失误差和自身误差。

在校正前，请在排液管处放置容器接溶液，点击【开始】，仪器启动对应器件，抽取溶液，待完成后，用量筒精确测量接液容器内所盛液体体积，此操作反复进行多次，取算术平均值，点击【实际水量】或【实际碱量】空栏处使用仪器显示的键盘，输入计算的数据，按【确定】键保存返回。

注意：在出厂前，已经对仪器的碱泵、水泵、吸收液泵校准，此系数直接影响实验结果。

3. 调试。

窗口中显示仪器主要器件的调试按钮，主要检查各电子元件的开启情况。点击开关后，按键在【OFF】和【ON】之间转换，同时仪器中会伴有泵阀开启和关闭的声音，说明此时的泵阀开启关闭动作正常。在调试泵时，必须先将相应的阀打开，否则管路中会造成过压致使管路冲脱或者破裂。

注意：泵阀开启的先后顺序必须按照"先阀后泵"和"先泵后阀"的原则：即调试时，先开启电磁阀，再启动泵进行调试，调试完成后，按照"先泵后阀"的顺序原则进行关闭，防止误操作而使管路过压爆裂，仪器受损害。

状态显示：指示外部溶剂桶液体状态。

4. 功能。

稀释液初始化：将蒸馏水添加到定氮管，需手动关闭。

碱泵初始化：将碱液添加到定氮管，需手动关闭。

补水初始化：将蒸馏水添加到蒸汽发生器，补水完成后自动停止。

定氮管排空：排空定氮管液体，排空后自动停止。

吸收液初始化：将300ml的吸收液添加到滴定缸内，添加完成后自动停止。

滴定初始化：重复充满、排空滴定器12次，自动停止。

返滴定初始化：重复充满、排空返滴定器12次，自动停上。

滴定缸清洗：添加蒸馏水冲洗后排空，排空后自动停止。

在仪器进行第一次实验或者更换溶剂时都需对仪器进行初始化，初始化的目的主要有：

（1）把管路充满溶液，避免因管路路径的原因造成实验结果失真。

（2）更换溶剂时，减少因溶剂浓度的变化造成实验结果误差。

光源校准：实验人员在长时间使用仪器后，如果发现终点颜色有色差偏移，需进行光源校准。在功能界面点击光源校准的【修改】按钮弹出对话框，点击【开始】后，仪器自动进行校准。当滴定系统排水结束后，点击【确定】按钮，光源校准功能完成。

仪器标定：提高边蒸馏边滴定的速度及准确性。

数据管理：根据实验日期及编号，点击【查询】按钮可查看对应实验数据明细。点击【管理】按钮，弹出数据管理对话框，可选择将所有实验结果导入个人计算机（PC）端上位机或删除所有实验结果。

5. 实验。

（1）方案列表：显示不同的方案名称，每页显示6套实验方案，点击【上一页】

【下一页】或输入页号进行页面跳转。

（2）方案参数：在方案列表中点选方案名称，该方案详细参数将更新到方案参数显示区域，该区域仅用于方案参数展示。

（3）调用本方案：选择合适方案后，点击【调用本方案】按钮，实验过程将调用该方案参数进行实验。

（4）修改本方案：适用于新建、修改方案。在方案列表中选择方案，在方案参数区点击【修改本方案】按钮弹出允许修改方案参数的对话框。

（5）名称：自定义方案名称。建议含样品关键词。

（6）模式：点击切换按钮，切换铵态氮、硝态氮、高态氮模式。

（7）预热：根据需求调整蒸汽等级与时间。

（8）稀释：添加蒸馏水到定氮管内。其过程中允许同时通入蒸汽。

（9）加碱：添加碱液到定氮管内。其过程中允许同时通入蒸汽。

（10）等待：根据实验需求调整等待（静置）时间。

（11）蒸馏：提供最多三段分段加热。

（12）系数：蛋白转换系数。

（13）定标：系数出厂已标定。

（14）修改参数完毕点击【保存方案】，到此完成了实验方案的新建/修改。

6. 实验参数区。

（1）调用方案：显示实验将调用方案的名称。

（2）实验名称：用户自定义实验名称。

（3）实验编号：当天第一次试验默认编号0，自动累加。

（4）滴定浓度：根据滴定液实际浓度录入参数。

（5）空白体积：根据实际空白滴定体积录入参数。

（6）点击切换按钮，在 ml/g 之间选择合适的样品单位。

（7）数据打印：选择是否在实验结束后打印实验结果。

（8）废物排空：选择是否在实验结束后排空定氮管废液。

（9）点击【开始试验】按钮后调转到实验过程页面，显示方案参数明细、实验参数明细、实验流程以及当前实验阶段。

（10）参数调节：点击【参数调节】按钮弹出参数调节对话框，允许实验过程中手动补加碱液、调整蒸汽等级。

（二）注意事项

1. 仪器使用前要首先确定蒸馏水桶内水量是否充足，如水量不足请加入足量蒸馏水，以免影响仪器正常使用。

2. 在配制碱液、酸液的过程中要小心操作，以免被化学试剂灼伤。

3. 仪器中有玻璃器皿，因此在搬运过程中，需要当心。

4. 在需要修理仪器内部部件时，一定要关机并拔掉电源线，同时等待蒸馏系统冷却下来。

5. 排废液管路的出口比仪器安放的高度要低，以使排液畅通。

6. 仪器长时间不用时，应将碱液桶中的碱液倒掉，并加入清水；将消化管装上，手动加碱将管路中的碱液加到消煮管中，并用清水清洗管路。

7. 为保证测试结果的准确，仪器每次开机后先做一个空白样品，用以清洁仪器管路。

三十二、恒温水浴锅

恒温水浴锅（见图 2 - 49）使用说明如下：

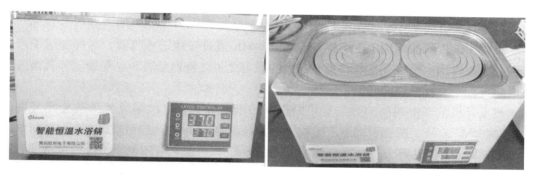

图 2 - 49　恒温水浴锅

1. 水浴锅必须平放于固定台，首先将排水口的胶管夹紧，然后将清水注入水浴锅箱体内，如果要缩短时间则可以注入热水。

2. 正确接通电源，将电源开关置于"开"的位置，指示灯亮。

3. 设定温度：按【SET】键可设定或查看温度设定点。按一下【SET】键数码管字符开始闪动，表示仪表进入设定状态，按【▲】键设定值增加，按【▼】键设定值减小，长按【▲】或【▼】键数据会快速变动，再一次按【SET】键仪表回到正常工作状态温度设定完毕，开始加热指示灯亮。

4. 水浴恒温后将装有恒温物品的容器放置于水浴中开始恒温。

5. 为了保证物品恒温的效果，可以在恒温容器箱体接触的部位用硬纸板封严。

6. 使用结束之后取出恒温物，立即关闭电源。

7. 及时排除箱体内的水，然后做好仪器使用记录工作。

第三章 环境空气污染物的测定

第一节 空气中二氧化硫的测定

二氧化硫（SO_2）是大气的主要污染物之一。它来源于煤和石油等燃料的燃烧、含硫矿石的冶炼、硫酸等化工生产排放的废气。SO_2 通过呼吸进入气管，对局部组织产生刺激和腐蚀作用，是诱发支气管炎等疾病的原因之一。特别是当 SO_2 与烟尘等气溶胶共存时，可加重对呼吸道黏膜的损害。

测定环境空气中 SO_2 的方法有甲醛缓冲溶液吸收——盐酸副玫瑰苯胺分光光度法（简称"甲醛法"）、四氯汞钾溶液吸收——盐酸副玫瑰苯胺分光光度法（简称"四氯汞钾法"）及定电位电解法。经国内23个实验室验证，甲醛法与四氯汞钾法的精密度、准确度、选择性和检出限相近，但甲醛法避免了使用毒性大的含汞吸收液，目前多被采用。定电位电解法简便、快速，重复性好，能进行连续监测，并且可与计算机联机进行数据处理与数据传输。

   一、实验目的

1. 熟练有关溶液的配制及浓度标定的方法和原理。
2. 掌握盐酸副玫瑰苯胺分光光度法测定大气中 SO_2 的原理。

   二、实验原理

SO_2 被甲醛缓冲溶液吸收后，生成稳定的羟基甲磺酸加成化合物。在样品溶液中加入氢氧化钠使加成化合物分解，释放出的 SO_2 与盐酸副玫瑰苯胺、甲醛作用，生成紫红色化合物，根据颜色深浅，用分光光度计在577nm 处进行测定。

本方法的主要干扰物为氮氧化物、臭氧及某些重金属元素。加入氨磺酸钠可消除氮氧化物的干扰；采样后放置一段时间可使臭氧自行分解；加入磷酸及环己二胺四乙酸二钠盐可以消除或减少某些金属离子的干扰。当 10ml 样品中存在 50μg 钙、镁、铁、镍、锰、铜等离子及 5μg 二价锰离子时不干扰测定。

本方法适宜测定浓度范围为 0.003 ~ 1.07mg/m³。最低检出限为 0.2μg/10ml。当用 10ml 吸收液采气样 10L 时，最低检出浓度为 0.02mg/m³；当用 50ml 吸收液，24 小时采气样 300L 取出 10ml 样品测定时，最低检出浓度为 0.003mg/m³。

 ## 三、实验仪器

1. 空气采样器：用于短时间采样的空气采样器，流量范围 0 ~ 1L/min；用于 24 小时连续采样的空气采样器应具有恒温、恒流、计时、自动控制仪器开关的功能，流量范围 0.2 ~ 0.3L/min。

各类采样器均应定期在采样前进行气密性检查和流量校准。吸收瓶的阻力和吸收效率应满足相应的技术要求。

2. 分光光度计：可见光波长范围为 380 ~ 780nm。

3. 多孔玻板吸收瓶：10ml 的多孔玻板吸收瓶用于短时间采样；50ml 的多孔玻板吸收瓶用于 24 小时连续采样。

4. 恒温水浴器：广口冷藏瓶内放置圆形比色管架，插一支长约 150mm，0℃ ~ 40℃ 的酒精温度计，其误差应不大于 0.5℃。

5. 具塞比色管：10ml。

 ## 四、实验试剂

1. 试验用蒸馏水及其制备：水质应符合实验室用水质量二级水（或三级水）的指标。可用蒸馏、反渗透或离子交换方法制备。

2. 环己二胺四乙酸二钠溶液 [c(CDTA – 2Na) = 0.050mol/L]：称取 1.82g 反式 – 1，2 – 环己二胺四乙酸[(trans – 1，2 – Cyclohexylenedinitrilo) tetraacetic acid，CDTA]，加入 1.50mol/L 的氢氧化钠溶液 6.5ml，溶解后用水稀释至 100ml。

3. 甲醛缓冲吸收液贮备液：吸取 36% ~ 38% 的甲醛溶液 5.5ml，0.050mol/L 的 CD-TA – 2Na 溶液 20.0ml；称取 2.04g 邻苯二甲酸氢钾，溶解于少量水中；将 3 种溶液合并，用水稀释至 100ml，贮于冰箱，可保存 10 个月。

4. 甲醛缓冲吸收液：用水将甲醛缓冲吸收液贮备液稀释 100 倍而成，此吸收液每毫升含 0.2mg 甲醛，现用现配。

5. 氢氧化钠溶液 [c(NaOH) = 1.50mol/L]。

6. 6g/L 氨磺酸钠溶液：称取 0.60g 氨磺酸（H₂NSO₃H）于烧杯中，加入 1.50mol/L 氢氧化钠溶液 4.0ml，搅拌至完全溶解后稀释至 100ml，摇匀。此溶液密封保存可使用 10 天。

7. 碘贮备液 [c(1/2I₂) = 0.10mol/L]：称取 12.7g 碘（I₂）于烧杯中，加入 40g 碘

化钾和 25ml 水，搅拌至完全溶解后，用水稀释至 1000ml，贮于棕色细口瓶中。

8. 碘使用液 $[c(1/2I_2)=0.05mol/L]$：量取碘贮备液 250ml，用水稀释至 500ml，贮于棕色细口瓶中。

9. 5g/L 淀粉溶液：称取 0.5g 可溶性淀粉，用少量水调成糊状，慢慢倒入 100ml 沸水中，继续煮沸至溶液澄清，冷却后贮于试剂瓶中，临用现配。

10. 碘酸钾标准溶液 $[c(1/6KIO_3)=0.1000mol/L]$：称取 3.5667g 碘酸钾（$KIO_3$，优级纯，经 110℃ 干燥 2 小时）溶解于水，移入 1000ml 容量瓶中，用水稀释至标线，摇匀。

11. 盐酸溶液（1+9）。

12. 硫代硫酸钠贮备液 $[c(Na_2S_2O_3)=0.10mol/L]$：称取 25.0g 硫代硫酸钠（$Na_2S_2O_3 \cdot 5H_2O$），溶解于 1000ml 新煮沸并已冷却的水中，加入 0.20g 无水碳酸钠（Na_2CO_3），贮于棕色细口瓶中，放置一周后备用。如溶液呈现浑浊，必须过滤。

13. 硫代硫酸钠标准溶液 $[c(Na_2S_2O_3)=0.05mol/L]$：取 250.0ml 硫代硫酸钠贮备液，置于 500ml 容量瓶中，用新煮沸并已冷却的水稀释至标线，摇匀。

标定方法：吸取 3 份 0.10000mol/L 碘酸钾标准溶液 10.00ml 分别置于 250ml 碘量瓶中，加入 70ml 新煮沸并已冷却的水，加入 1g 碘化钾，摇匀至完全溶解后，加入（1+9）盐酸溶液 10ml，立即盖好瓶塞，摇匀。于暗处放置 5 分钟后，用硫代硫酸钠标准溶液滴定溶液至浅黄色，加入 2ml 淀粉溶液，继续滴定溶液至蓝色刚好褪去为终点。硫代硫酸钠标准溶液的浓度按下式计算：

$$c = \frac{0.1000 \times 10.00}{V}$$

式中：c——硫代硫酸钠标准溶液的浓度，mol/L；

V——滴定所消耗硫代硫酸钠标准溶液的体积，ml。

14. 0.5g/L 乙二胺四乙酸二钠盐（Na_2EDTA）溶液：称取 0.25g Na_2EDTA（$C_{10}H_{14}N_2O_8Na_2 \cdot 2H_2O$），溶解于 500ml 新煮沸但已冷却的水中，临用现配。

15. SO_2 标准溶液：称取 0.200g 亚硫酸钠（Na_2SO_3），溶解于 200ml Na_2EDTA 溶液中，缓缓摇匀以防充氧，使其溶解。放置 2~3 小时后标定。此溶液每毫升相当于 320~400μg SO_2。

标定方法：吸取 3 份 20.00ml SO_2 标准溶液，分别置于 250ml 碘量瓶中，加入 50ml 新煮沸但已冷却的水、20.00ml 碘使用液及 1ml 冰乙酸，盖塞，摇匀。于暗处放置 5 分钟后，用硫代硫酸钠标准溶液滴定溶液至浅黄色，加入 2ml 淀粉溶液，继续滴定至溶液蓝色刚好褪去为终点。记录滴定硫代硫酸钠标准溶液的体积 V。

另取 3 份 Na_2EDTA 溶液 20.00ml，用同法进行空白试验。记录滴定硫代硫酸钠标准溶液的体积 V_0。

平行样滴定所耗硫代硫酸钠体积之差不应大于 0.04ml，取其平均值。SO_2 标准溶液的浓度按下式计算：

$$c = \frac{(V - V_0) \times c(Na_2S_2O_3) \times 32.02}{20.00} \times 1000$$

式中：c——SO$_2$ 标准溶液的浓度，μg/ml；

V_0——空白滴定所耗硫代硫酸钠标准溶液的体积，ml；

V——SO$_2$ 标准溶液滴定所耗硫代硫酸钠标准溶液的体积，ml；

C（Na$_2$S$_2$O$_3$）——硫代硫酸钠标准溶液的浓度，mol/L；

32.02——SO$_2$（1/2）的摩尔质量，g/mol。

在标定出准确浓度后，立即用甲醛缓冲吸收液稀释为每毫升含 10.00μg SO$_2$ 的标准溶液。临用时再用此吸收液稀释为每毫升含 1.00μg SO$_2$ 的标准使用溶液。此溶液在冰箱中 5℃ 保存，可稳定 1 个月。

16. 2g/L 盐酸副玫瑰苯胺（pararosaniline 简称"PRA"，即副品红、对晶红）贮备液。

17. 0.5g/L 盐酸副玫瑰苯胺使用溶液：吸取 0.20% PRA 贮备液 25.00ml 于 100ml 容量瓶中，加入 85% 的浓磷酸 30ml、浓盐酸 12ml，用水稀释至标线，摇匀。放置过夜后使用，避光密封保存。

 五、实验步骤

1. 采样。

（1）短时间采样：根据环境空气中 SO$_2$ 浓度的高低，采用内装 10ml 吸收液的 U 形玻板吸收瓶，以 0.5L/min 的流量采样，采样时吸收液温度应保持在 23℃～29℃ 范围内。

（2）24 小时连续采样：用内装 50ml 吸收液的多孔玻板吸收瓶，以 0.2～0.3L/min 的流量连续采样 24 小时，采样时吸收液温度应保持在 23℃～29℃ 范围内。

放置在室内的 24 小时连续采样器，进气口应连接符合要求的空气质量采样管路系统，以减少 SO$_2$ 气样进入吸收管前的损失。

样品的采集、运输和贮存的过程中应避光。当气温高于 30℃ 时，采样后如不能当天测定，可以将样品溶液贮于冰箱。

2. 标准曲线的绘制。

取 14 支 10ml 具塞比色管，分 A、B 两组，每组 7 支，分别对应编号，A 组按表 3-1 配制标准系列。

表 3-1　　　　　　　　　　　　　　SO$_2$ 标准系列

管号	0	1	2	3	4	5	6
SO$_2$ 标准使用液/ml	0	0.50	1.00	2.00	5.00	8.00	10.00
甲醛缓冲吸收液/ml	10.00	9.50	9.00	8.00	5.00	2.00	0
SO$_2$ 含量/μg	0	0.50	1.00	2.00	5.00	8.00	10.00

B 组各管加入 0.05% PRA 使用溶液 1.00ml，A 组各管分别加入 0.60% 氨磺酸钠溶液 0.5ml 和 1.50mol/L 氢氧化钠溶液 0.5ml，混匀。再逐管迅速将溶液全部倒入对应编号并装 PRA 使用溶液的 B 管中，立即具塞摇匀后放入恒温水浴中显色。显色温度与室温之差应不超过 3℃，根据不同季节和环境条件按表 3-2 选择显色温度与显色时间。

表 3-2   SO$_2$ 显色温度与时间对照

显色温度/℃	10	15	20	25	30
显色时间/min	40	25	20	15	5
稳定时间/min	35	25	20	15	10
试剂空白吸光度（A$_0$）	0.030	0.035	0.040	0.050	0.060

在波长 577nm 处，用 1cm 比色皿，以水为参比，测定吸光度。

用最小二乘法计算标准曲线的回归方程式：

$$y = bx + a$$

式中：y——标准溶液吸光度 A 与试剂空白吸光度 A$_0$ 之差（A - A$_0$）；

x——SO$_2$ 含量，μg；

b——回归方程式的斜率，A/μg·SO$_2$/12ml；

a——回归方程式的截距（一般要求小于 0.005）。

本方法标准曲线斜率为 0.044 ± 0.002。试剂空白吸光度 A$_0$ 在显色规定条件下波动范围不超过 ±15%。正确掌握其显色温度、显色时间，特别在 25℃ ~ 30℃ 条件下，严格控制反应条件是实验成败的关键。

3. 样品测定。

所采集的环境空气样品溶液中如有浑浊物，则应离心分离除去。样品放置 20 分钟，以使臭氧分解。

（1）短时间采样的样品：将吸收管中样品溶液全部移入 10ml 具塞比色管中，用少量甲醛缓冲吸收液洗涤吸收管，倒入比色管中，并用吸收液稀释至 10ml 标线。加入 6g/L 氨磺酸钠溶液 0.50ml，摇匀。放置 10 分钟以除去氮氧化物的干扰，以下步骤同标准曲线的绘制。

（2）连续 24 小时采样的样品：将吸收瓶中样品溶液移入 50ml 比色管（或容量瓶）中，用少量甲醛缓冲吸收液洗涤吸收瓶，洗涤液并入样品溶液中，再用吸收液稀释至标线。吸取适量样品溶液（视浓度高低而决定取 2 ~ 10ml）于 10ml 比色管中，再用吸收液稀释至标线，加入 6g/L 氨基磺酸钠溶液 0.50ml，混匀。放置 10 分钟以除去氮氧化物的干扰，加入 1.5mol/L 的氢氧化钠溶液，混匀，以下步骤同标准曲线的绘制。

六、数据处理

大气中 SO$_2$ 的浓度按下式进行计算：

$$(SO_2, \ mg/m^3) = \frac{A - A_0}{V_s \times b} \times \frac{V_t}{V_a}$$

式中：A——样品溶液的吸光度；

$\quad\quad$ A$_0$——试剂空白溶液的吸光度；

$\quad\quad$ b——回归方程的斜率，A/μg·SO$_2$/12ml；

$\quad\quad$ V$_t$——样品溶液总体积，ml；

$\quad\quad$ V$_a$——测定时所取样品溶液体积，ml；

$\quad\quad$ V$_s$——换算成标准状况下（0℃，101.325kPa）的采样体积，L；

$\quad\quad$ SO$_2$浓度计算结果应精确到小数点后第三位。

七、注意事项

1. 环境空气样品采样时吸收液温度应保持在23℃~29℃。此温度范围SO$_2$吸收效率为100%，10℃~15℃时吸收效率比23℃~29℃时低5%，高于33℃及低于9℃时，比23℃~29℃时吸收效率低10%。

2. 进行24h连续采样时，进气口为倒置的玻璃或聚乙烯漏斗，以防止雨雪进入。漏斗不要靠近采气管管口，以免吸入部分从监测亭排出的气体。若监测亭内温度高于气温，采气管形成"烟囱"，排出的气体中包括从采样泵排出的气体，会使测定结果偏低。

SO$_2$气体易溶于水，空气中水蒸气冷凝在进气导管管壁上，会吸附、溶解SO$_2$，使测定结果偏低。进气导管内壁应光滑，吸附性小，应采用聚四氟乙烯管。为避光，导气管外可用绝缘材料（例如蛇形塑料管）保护。进气口与吸收瓶间的导气管应尽量短，最长不得超过6m。导气管自上而下连接吸收瓶管口，安装中不可弯曲打结，以免积水。导气管与吸收瓶接连处采用导管内插外套法连接，即将聚四氟乙烯管插入吸收瓶进气口内，用聚四氟乙烯生胶带缠好，接口处再套一小段乳胶管，不得用乳胶管直接连接。

导气管应定期清洗，以除去尘埃及雾滴。每个采样点宜配备两根导气管交替使用。导气管使用前用（1+4）盐酸溶液、水、乙醇依次冲洗，通清洁、干燥空气吹干备用。清洗周期视当地空气含尘量及相对湿度而定。

采气管上端装一防护罩，以防雨雪和粗大尘粒随空气一起被吸入。采气管不得有急转弯或呈直角、锐角的弯曲，并尽可能短。其结构应便于管道的清洗，每年至少清洗1~3次。

3. 多孔玻板吸收瓶（管）的阻力应为6.0kPa±0.6kPa（45mmHg±5mmHg）。要求玻板2/3面积上发泡微细而且均匀，边缘无气泡逸出（若玻板与管壁连接处未封闭完全，边缘处会逸出大气泡）。

4. 采样时应注意检查采样系统的气密性、流量、恒温温度，及时更换干燥剂及限流孔前的过滤膜，用皂膜流量计校准流量，做好采样记录。

5. 显色温度、显色时间的选择及操作时间的掌握是本实验成败的关键。应根据实验室条件、不同季节的室温选择适宜的显色温度及时间。操作中严格控制各反应条件。当在 25℃ ~ 30℃ 显色时，不要超过颜色的稳定时间，以免测定结果偏低。

6. 显色反应须在酸性溶液中进行，应将含样品（或标准）溶液、吸收液的 A 组管溶液迅速倒入装有强酸性的 PRA 使用液的 B 组管中，使混合液在瞬间呈酸性，利于反应的进行，倒完控干片刻，以免影响测定的精密度。

7. 在分析环境空气样品时，PRA 溶液的纯度对试剂空白液的吸光度影响很大。用本法提纯 PRA，试剂空白值显著下降。可使用精制的商品 PRA 试剂。

8. 氢氧化钠固体试剂及溶液易吸收空气中的 SO_2，使试剂空白值升高，应密封保存。显色用各试剂溶液配制后最好分装成小瓶使用，操作中注意保持各溶液的纯净，防止"交叉污染"。

9. 因六价铬能使紫红色化合物褪色，使测定结果偏低，故应避免用硫酸或铬酸洗液洗涤玻璃仪器。若已洗，可用（1 + 1）盐酸溶液浸泡 1 小时后，用水充分洗涤，烘干备用。

10. 用过的比色皿及比色管应及时用酸洗涤，否则红色难以洗净。具塞比色管用（1 + 1）盐酸溶液洗涤，比色皿用（1 + 4）盐酸溶液加 1/3 体积乙醇的混合液洗涤。

11. 本方法测定环境空气中 SO_2 的标准曲线，线性很好，通过坐标原点，在低浓度的曲线下端未见明显弯曲（即无拐点）。为此，当 $y = A - A_0$ 计算时，零点（0，0）应参加回归计算，即 $n = 7$。

理论上回归线应通过坐标原点，即截距 a 等于零，在实际操作中由于存在随机误差，一般情况下截距 a 不等于零。各测点，尤其是高浓度测点的波动，影响曲线的走向，使之偏离坐标原点。

当 $|a| < 0.003$ 时，a 值可作零处理，回归方程式 $y = bx + a$ 可简化为 $y = bx$，采用通过原点、与回归线平行的直线来估算测定结果。这样计算方法简单，可不必建立无截距经验方程式，但测定结果较用回归方程式计算时略微偏高（当 a 为正值时）或偏低（当 a 为负值时），影响很小，可以忽略。

一般情况下，本方法标准曲线的剩余标准差为 0.002 ~ 0.007，对应的相关系数 r 为 0.9999 ~ 0.999，在这种情况下，当 $0.003 \leqslant |a| \leqslant 0.008$ 时，截距 a 也可以作零处理，但应建立无截距经验方程式：$y = b'x$，其中 $b' = \bar{y} / \bar{x}$，相当于通过原点与均值点（$\bar{x}$，$\bar{y}$）作一条与回归线相交的直线。从原点（0，0）到均值点（$\bar{x}$，$\bar{y}$）一段直线，适合用于估算低浓度样品的测定结果，取 b' 的倒数为样品测定的校正因子 B'_s，用于样品溶液吸光度低于均值点吸光度（$\bar{y} + A_0$，为 0.18 ~ 0.20）的情况，计算方法简单，样品溶液吸光度低时不致出现负值结果。当样品溶液吸光度高于均值点吸光度时，仍以采用回归方程式 $y = bx + a$ 估算测定结果为宜，即 $x = [(A - A_0) - a]/b$。

12. 精密度和准确度：10 个实验室对浓度为 0.101μg/ml 和 0.515μg/ml 的 SO_2 统一样品进行了浓度测定。

精密度：重复性相对标准偏差，分别小于 3.5% 和 1.4%。

再现性相对标准偏差，分别小于 6.2% 和 3.8%。

准确度：实际样品加标回收率，105 个样品浓度在 0.01 ~ 0.170μg/ml 的实际样品的加标回收率为 96.8% ~ 108.2%。

 八、思考题

1. 影响测定误差的主要因素有哪些？应如何减少误差？
2. 在北方什么季节空气污染较重？一天当中什么时间污染最重？
3. 测定一次结果能否代表日平均浓度？假如你测定的结果是日平均浓度，达到哪一级大气质量标准？
4. 本实验测定大气中 SO_2 的方法原理是什么？

第二节　二氧化氮的测定

大气中氮氧化物是由氮的氧化物所组成的气体混合物的总称，常以 NO_x 表示，包括 NO、NO_2、N_2O、N_2O_3、N_2O_4 等。大气中的氮氧化物主要是 NO 和 NO_2。大气中的氮氧化物主要来源于石化燃料高温燃烧和硝酸、化肥等生产排放的废气以及汽车尾气。NO_x 对呼吸道和呼吸器官有刺激作用，是导致支气管哮喘等呼吸道疾病不断增加的原因之一，NO_x 能转化成硝酸和硝酸盐，通过降水对水和土壤环境等造成危害。NO_x 中 NO 和 NO_2 的毒性较强，而 NO_2 的毒性是 NO 的 4 ~ 5 倍。NO 为无色、无臭、微溶于水的气体，在空气中易被氧化成 NO_2。

 一、实验目的

1. 掌握大气采样器的使用方法。
2. 掌握盐酸萘乙二胺分光光度法测定大气中 NO_2 的方法原理。

 二、实验原理

本实验介绍盐酸萘乙二胺分光光度法测定氮氧化物，该法是国内外目前普遍采用的方法。

空气中的 NO_2 与串联的第一支吸收瓶中的吸收液反应生成粉红色偶氮染料。空气中的 NO 不与吸收液反应，通过酸性高锰酸钾溶液氧化管被氧化为 NO_2 后，与串联的第二支吸收瓶中的吸收液反应生成粉红色偶氮染料，其颜色深浅与氮氧化物的浓度呈线性关系。生成的偶氮染料在波长 540nm 处的吸光度与 NO_2 的含量成正比，分别测定第一支和第二支吸收瓶中样品的吸光度，计算两支吸收瓶内 NO 和 NO_2 的质量浓度，二者之和即为氮氧化物的质量浓度（以 NO_2 计）。

空气中臭氧浓度超过 $0.250mg/m^3$ 时，对 NO_x 的测定产生负干扰，采样时在吸收瓶入口端串联一段 15 ~ 20cm 长的硅橡胶管，排除干扰。

方法检出限为 $0.12\mu g/10ml$。当吸收液体积为 10ml，采样体积为 24L 时，氮氧化物（NO_2 计）的最低检出浓度为 $0.005mg/m^3$。

三、实验仪器

1. 采样导管：硼硅玻璃、不锈钢、聚四氟乙烯或硅橡胶管，内径约为 6mm，尽可能短一些，任何情况下不得长于 2cm，并配有向下的空气入口。

2. 吸收瓶：内装 10ml、25ml 或 50ml 吸收液的多孔玻板吸收瓶，液柱不低于 80mm。图 3 – 1 为两种较适的多孔玻板吸收瓶。

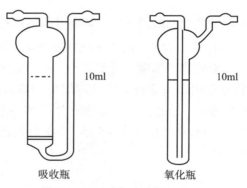

图 3 – 1　两种多孔玻板吸收瓶

3. 氧化瓶：内装 5 ~ 10ml 或 50ml 酸性高锰酸钾溶液的洗气瓶，液柱不得低于 80mm。使用后，用盐酸羟胺溶液浸泡洗涤。

4. 空气采样器。

（1）便携式空气采样器：流量范围 0 ~ 1L/min。采气流量为 0.4L/min 时，误差小于 ±5%。

（2）恒温自动连续采样器：采气流量为 0.2L/min 时，误差小于 ±5%。能将吸收液恒温在 20℃ ±4℃。当采样结束时，能够自动关闭干燥瓶和流量计之间的电磁阀。

5. 分光光度计。

四、实验试剂

除非另有说明，分析时均使用符合国家标准的分析纯试剂和无亚硝酸根的蒸馏水或同等纯度的水，必要时可在全玻璃蒸馏器中加少量高锰酸钾和氢氧化钡重新蒸馏（每升蒸馏水或去离子水中加 0.5g 高锰酸钾和 0.5g 氢氧化钡）。

1. 1.00g/L 盐酸萘乙二胺贮备液：称取 0.50g（N－1－萘基）乙二胺盐酸盐 $[C_{10}H_7NH(CH_2)NH_2 \cdot 2HCl]$ 于 500ml 容量瓶中，用水稀释至标线。此溶液贮于密闭的棕色试剂瓶中，在冰箱中冷藏可稳定 3 个月。

2. 显色液：称取 5.0g 对氨基苯磺酸（$NH_2C_6H_4SO_3H$），溶解于约 200ml 热水中，将溶液冷却至室温，全部移入 1000ml 容量瓶中，加入 50.0ml 盐酸萘乙二胺贮备液和 50ml 冰乙酸，用水稀释至标线。此溶液于密闭的棕色瓶中，在 25℃ 以下暗处存放，可稳定 3 个月。保存时应密封瓶口，防止空气与吸收液接触。若呈现淡红色，应弃之重配。

3. 吸收液：临用时将显色液和水按 4∶1（V/V）体积混合，即为吸收液。吸收液的吸光度不超过 0.005（540nm，1cm 比色皿，以水为参比）。否则，应检查水、试剂纯度或显色液的配制时间和贮存方法。

4. 亚硝酸钠标准贮备液：准确称取 0.3750g 亚硝酸钠（$NaNO_2$，优级纯，预先在干燥器内放置 24 小时）溶解于水，移入 1000ml 容量瓶中，用水稀释至标线。贮于密闭的棕色试剂瓶中，可稳定 3 个月。此溶液每毫升含 0.250mg NO_2^-。贮存于棕色瓶内，冰箱中保存，可稳定 3 个月。

5. 亚硝酸钠标准使用液：吸取亚硝酸钠标准贮备液 1.00ml 于 100ml 容量瓶中，用水稀释至标线，临用前现配。此溶液每毫升含 2.5μg NO_2^-。

6. 硫酸溶液 $[c(1/2H_2SO_4)=1mol/L]$：取 15ml 硫酸（ρ＝1.84g/ml）缓缓加入 500ml 水中。

7. 酸性高锰酸钾溶液：称取 25g 高锰酸钾，稍微加热使其全部溶解于 500ml 水中，然后加入 1mol/L 硫酸溶液 500ml，混匀，贮于棕色试剂瓶中。

8. 盐酸羟胺溶液：0.2～0.5g/L。

五、实验步骤

1. 采样。

（1）短时间采样（1 小时以内）：取两支内装 10.0ml 吸收液的多孔玻板吸收瓶和一支内装 5～10ml 酸性高锰酸钾溶液的氧化瓶（液柱不低于 80mm），用尽量短的硅橡胶管将氧化瓶串联在两支吸收瓶之间（见图 3－2），以 0.4L/min 流量采气 4～24L。

（2）长时间采样（24 小时以内）：取两支大型多孔玻板吸收瓶，装入 25.0ml 或 50.0ml 吸收液（液柱不低于 80mm），标记吸收液液面位置，再取一支内装 50.0ml 酸性高锰酸钾溶液的氧化瓶，如图 3 - 2 所示接入采样系统，将吸收液恒温在 20℃ ±4℃，以 0.2L/min 流量采气 288L。

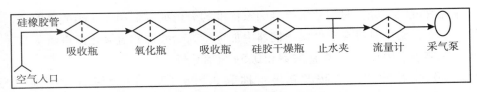

图 3 - 2 NO_x 手工采样系统示意

　　一般情况下，内装 50.0ml 酸性高锰酸钾溶液的氧化瓶可连续使用 7 ~ 10 天。但当氧化瓶中有明显的沉淀物析出时，应及时更换。

　　采样期间，样品运输和存放过程中应避免阳光照射。气温超过 24℃ 时，长时间（8 小时以上）运输和存放样品应采取降温措施。

　　采样结束时，为防止溶液倒吸，应在采样泵停止抽气的同时，闭合连接在采样系统中的止水夹，如图 3 - 2 所示。

　　2. 标准曲线的绘制。

　　取 6 支 10ml 具塞比色管，按表 3 - 3 配制亚硝酸钠标准系列。

　　各管混匀，于暗处放置 20 分钟（室温低于 20℃ 时，显色 40 分钟以上），用 1cm 比色皿，在波长 540nm 处，以水为参比测定吸光度。扣除空白试样的吸光度以后，对应 NO_2^- 的浓度（μg/ml），用最小二乘法计算标准曲线的回归方程。

表 3 - 3　　　　　　　　　　　　　　　亚硝酸钠标准系列

项目	管号					
	0	1	2	3	4	5
亚硝酸钠标准使用液/ml	0	0.40	0.80	1.20	1.60	2.00
水/ml	2.00	1.60	1.20	0.80	0.40	0
显色液/ml	8.00	8.00	8.00	8.00	8.00	8.00
亚硝酸根含量/（μg）	0	0.10	0.20	0.30	0.40	0.50

　　3. 样品测定。

　　采样后放置 20 分钟（室温 20℃ 以下放置 40 分钟以上），用水将采样瓶中吸收液的体积补至标线，混匀，按绘制标准曲线步骤测定样品的吸光度。

　　若样品的吸光度超过标准曲线的上限，应用空白试样溶液稀释，再测定其吸光度。

　　采样后应尽快测定样品的吸光度，若不能及时测定，应将样品于低温暗处存放。样品于 30℃ 暗处存放可稳定 8 小时；于 20℃ 暗处存放可稳定 24 小时；于 0℃ ~4℃ 冷藏至少可稳定 3 天。

4. 空白试样的测定。

空白、样品和标准曲线应用同一批吸收液。

六、数据处理

$$\rho_{NO_2}（以 NO_2 计，mg/m^3）=\frac{(A_1-A_0-a)\times V\times D}{b\times f\times V_0}$$

$$\rho_{NO}（以 NO_2 计，mg/m^3）=\frac{(A_2-A_0-a)\times V\times D}{b\times f\times k\times V_0}$$

$$NO_x（以 NO_2 计，mg/m^3）=\rho_{NO_2}+\rho_{NO}$$

式中：ρ_{NO_2}——空气中 NO_2 的质量浓度，mg/m^3；

ρ_{NO}——空气中 NO 的质量浓度，以 NO_2 计，mg/m^3；

A_1、A_2——分别为串联的第一支吸收瓶和第二支吸收瓶中样品溶液的吸光度；

A_0——试样空白溶液的吸光度；

b、a——标准曲线的斜率（吸光度·ml/μg）和截距；

V——采样用吸收液体积，ml；

V_0——换算为标准状态（0℃、101.325kPa）下的采样体积，L；

K——NO 氧化为 NO_2 的氧化系数，0.68；

D——样品的稀释倍数；

f——Saltzman 实验系数，0.88（当空气中 NO_2 浓度高于 $0.72mg/m^3$ 时，f 值为 0.77）。

七、注意事项

1. 测定 NO_2 标准气体的精密度和准确度：五个实验室测定浓度范围在 0.056 ~ $0.396mg/m^3$ 的 NO_2 标准气体，重复性变异系数小于10%，相对误差小于±8%。

2. 测定 NO 标准气体的精密度和准确度：测定浓度范围在 0.057 ~ $0.396mg/m^3$ 的 NO 标准气体，重复性变异系数小于10%，相对误差小于±10%。

3. Saltzman 实验系数（f）：用渗透法制备的 NO_2 校准用混合气体，在采气过程中被吸收液吸收，生成的偶氮染料相当于亚硝酸根的量与通过采样系统的 NO_2 总量的比值。当吸收液的组成、吸收瓶类型、采样流量和采样效率一定时，该系数的值与空气中 NO_2 的浓度相关。

4. 氧化系数（k）：空气中的 NO 通过酸性高锰酸钾溶液以后被氧化为 NO_2，生成的 NO_2 与通过采样系统的 NO 总量的比值。

5. 玻板阻力及微孔均匀性检查：新的多孔玻板吸收瓶在使用前，应用（1+1）HCl 浸泡4小时以上，用清水洗净。每支吸收瓶在使用前或使用一段时间以后，应测定其玻板阻力，检查气泡分散的均匀性。不要使用阻力不符合要求和气泡分散不均匀的吸收瓶。

内装 10ml 吸收液的多孔玻板吸收瓶，以 0.4L/min 流量采样时，玻板阻力为 4～5kPa，通过玻板后的气泡应分散均匀。

内装 50ml 吸收液的多孔玻板吸收瓶，以 0.2L/min 流量采样时，玻板阻力为 5～6kPa，通过玻板后的气泡应分散均匀。

6. 采样效率的测定：吸收瓶在使用前和使用一段时间后，应测定其采样效率。将两支吸收瓶串联，采集环境空气，当第一支吸收瓶中 NO_2^- 浓度约为 0.4μg/ml 时，停止采样。测定第一支吸收瓶和第二支吸收瓶中样品的吸光度，按下式计算第一支吸收瓶的采样效率（E）。采样效率 E 低于 0.97 的吸收瓶不能使用。

$$E = \frac{c_1}{c_1 + c_2}$$

式中：c_1、c_2——串联的第一支吸收瓶和第二支吸收瓶中 NO_2^- 的浓度，μg/ml。

7. 沉积在氧化瓶管壁上的高锰酸钾沉淀物，用盐酸羟胺溶液浸泡后可清洗掉。

八、思考题

1. 什么物质会对 NO_x 的测定产生干扰？如何消除干扰？

2. 测定一次结果能否代表日平均浓度？假如你测定的结果是日平均浓度，达到哪一级大气质量标准？

3. 大气中氮氧化物的测定方法和原理是什么？

4. 采气样时应注意哪些事项？

第三节　空气中总悬浮颗粒物（TSP）的测定

总悬浮颗粒物，简称 TSP，是指空气中空气动力学直径小于100μm 的颗粒物。测定 TSP 采用重量法。所用的采样器按采气量大小，分为大流量采样器和中流量采样器。方法的检出限为 0.001mg/m³。TSP 含量过高或雾天采样使滤膜阻力大于 10kPa 时，则本方法不适用。

用超细玻璃纤维滤膜采样，在测定 TSP 的质量浓度后，样品滤膜可用于测定无机盐（如硫酸盐、硝酸盐及氯化物等）和有机化合物（苯并［a］芘等）。若要测定金属元素（如铍、铬、锰、铁、镍、铜、锌、硒、镉、锑及铅等），则用聚氯乙烯等有机滤膜。

一、实验目的

1. 掌握中流量大气采样器 TSP 部分的使用方法。

2. 学习质量法在大气环境监测中的应用。

二、实验原理

通过具有一定切割特性的采样器，以恒速抽取定量体积的空气，空气中粒径小于 $100\mu m$ 的悬浮颗粒物，被截留在已恒重的滤膜上。根据采样前、后滤膜重量之差及采气体积，计算总悬浮颗粒物的质量浓度。滤膜经处理后，可进行组分分析。

三、实验仪器

1. 中流量采样器：采样器采样口的抽气速度为 $0.3m/s$。采气流量（工作点流量）为 $100L/min$。

2. 滤膜：超细玻璃纤维滤膜或聚氯乙烯等有机滤膜，直径 $9cm$。滤膜对 $03\mu m$ 标准粒子的截留效率不低于 99%，在气流速度为 $0.45m/s$ 时，单张滤膜阻力不大于 $3.5kPa$，在同样气流速度下，抽取经高效过滤器净化的空气 5 小时，每平方厘米滤膜失重不大于 $0.012mg$。

3. 滤膜袋：用于存放采样后对折的采尘滤膜。袋面印有编号、采样日期、采样地点、采样人等项栏目。

4. 滤膜保存盒：用于保存滤膜，保证滤膜在采样前处于平展不受折状态。

5. 镊子：用于夹取滤膜。

6. X 光看片机：用于检查滤膜有无缺损。

7. 打号机：用于在滤膜及滤膜袋上打号。

8. 恒温恒湿箱（室）：箱（室）内空气温度要求在 $15℃ \sim 30℃$ 范围内连续可调，控温精度 $±1℃$；箱（室）内空气相对湿度应控制在 $45\% \sim 55\%$ 范围内。恒温恒湿箱（室）可连续工作。

9. 分析天平：感量 $0.1mg$。

10. 中流量孔口流量计：量程 $75 \sim 125L/min$；准确度不超过 $±2\%$。附有与孔口流量计配套的 U 形管压差计（或智能流量校准器），最小分度值 $10Pa$。

11. 气压计。

12. 温度计。

四、实验步骤

1. 中流量采样器流量校准（用中流量孔口流量计校准）（略）。

2. 空白滤膜准备。

（1）每张滤膜均需用 X 光看片机进行检查，不得有针孔或任何缺陷。在选中的滤膜光滑表面的两个对角上打印编号。滤膜袋上打印同样编号备用。

（2）将滤膜放在恒温恒湿箱（室）中平衡 24 小时。平衡条件：温度取 15℃～30℃中任一点，相对湿度控制在 45%～55% 范围内。记录平衡温度与湿度。

（3）在上述平衡条件下称量滤膜，滤膜称量精确到 0.1mg。记录滤膜重量。

（4）称量好的滤膜平展地放在滤膜保存盒中，采样前不得将滤膜弯曲或折叠。

3. 采样。

（1）打开采样头顶盖，取出滤膜夹。用清洁干布擦去采样头内及滤膜夹的灰尘。

（2）将已编号并称量过的滤膜毛面向上，放在滤膜网托上，然后放滤膜夹，对正、拧紧，使不漏气。盖好采样头顶盖，按照采样器使用说明操作，设置好采样时间，即可启动采样。

（3）当采样器不能直接显示标准状态下的累积采样体积时，需记录采样期间测试现场平均环境温度和平均大气压。

（4）采样结束后，打开采样头，用镊子轻轻取下滤膜，采样面向里，将滤膜对折，放入号码相同的滤膜袋中。取滤膜时，如发现滤膜损坏，或滤膜上尘的边缘轮廓不清晰、滤膜安装歪斜等，表示采样时漏气，则本次采样作废，需重新采样。TSP 现场采样记录如表 3-4 所示。

表 3-4　　　　　　　　　　　　　　　　TSP 现场采样记录

月　日	采样器编号	滤膜编号	采样起始时间	采样终了时间	采样期间环境温度 T_2/K	采样期间大气压 P_2/kPa	测试人

4. 尘膜的平衡及称量。

（1）尘膜放在恒温恒湿箱（室）中，用同空白滤膜平衡条件相同的温度、湿度，平衡 24 小时。

（2）在上述平衡条件下称量尘膜，尘膜称量精确到 0.1mg。记录尘膜重量。

 五、数据处理

$$TSP(mg/m^3) = \frac{(W_1 - W_0)}{V_n} \times 1000$$

式中：W_1——尘膜重量，g；

$\qquad W_0$——空白滤膜重量，g；

$\qquad V_n$——标准状态下的累积采样体积，m^3。

当采样器未直接显示标准状态下的累积采样体积 V_n 时，按下式计算：

$$V_n = Q \times \frac{P_2 \times T_n}{P_n \times T_2} \times t \times 60$$

式中：Q——采样器采气流量，m³/min；

P₂——采样期间测试现场平均大气压力，kPa；

Tₙ——标准状态的绝对温度，273K；

t——累积采样时间，h；

Pₙ——标准状态下的大气压力，101.325kPa；

T₂——采样期间测试现场平均环境温度，K。

滤膜称量及 TSP 浓度记录，如表 3-5 所示。

表 3-5　　　　　　　　　TSP 滤膜称量及浓度记录

月　日	滤膜编号	采气流量 Q/(m³/min)	采样期间环境温度 T₂/K	采样期间大气压 P₂/kPa	累计采样时间 t/h	累计采样标况体积 Vₙ/m³	滤膜重量（g）空膜 尘膜 尘重	TSP 浓度/(mg/m³)	测试人

注：m³/min 为大流量采样器流量单位，中流量采样器流量单位为 L/min。

六、注意事项

1. 滤膜称量时的质量控制，取清洁滤膜若干张，在恒温恒湿箱（室）内，按平衡条件平衡 24 小时，称重。每张滤膜非连续称量 10 次以上，求每张滤膜的平均值为该张滤膜的原始质量。以上述滤膜作为"标准滤膜"。每次称空白或尘滤膜的同时，称量两张"标准滤膜"，若标准滤膜称出的重量在原始重量 ±5mg（中流量为 ±0.5mg）范围内，则认为该批样品滤膜称量合格，数据可用。否则应检查称量条件是否符合要求并重新称量该批样品滤膜。

若恒温恒湿箱（室）控温精度达不到 ±1℃，滤膜平衡与称量时需在温度要求范围内，温度变化不得大于 ±3℃。滤膜称量时要消除静电的影响。

2. 采样器应定期维护，通常每月维护一次，所有维护项目应详细记录。

3. 要经常检查采样头是否漏气。当滤膜安放正确，采样后滤膜上颗粒物与四周白边之间出现界线模糊时，则表明应更换滤膜密封垫。

4. 当采样器的采气流量不为 100L/mim，应符合采样器采样口的抽气速度为 0.3m/s 的要求。

七、思考题

1. 如何确定采样点？该采样点 TSP 的主要污染源有哪些？哪种污染源贡献率大。

2. 滤膜为什么要采取恒重法称量？为什么要用对照膜进行湿度校准实验。

3. 在什么气象条件下 TSP 污染？

第四章　水环境监测

第一节　水位监测

一、实验目的

了解水位测针的结构、原理和使用方法；掌握直接测量法和测针法，对不同流量下的水位或水深进行测量。

二、实验原理

学会准确地测量水位，是做好水文学实验的重要基本功。一些测量流速、流量的方法都基于测量水位。

水位是指河流或其他水体的自由水面相对于某一基面的高程。已知河床底部的高程，就可以通过测量水深来计算水位值；或者已知河床断面形态，通过测量水位，可以计算平均水深。在实验室中，可以假定水槽底部高程为0，测量的水深即为水位。当水面位置恒定，不随时间改变时，通常可以采用以下方法进行水位测量。

1. 直接测量法。

将有刻度的钢尺或物体放入水中，读出水面位置的读数，或者在玻璃水槽外部附上标尺，直接读出水槽内水面位置的读数。

由于表面张力的作用，水面与标尺接触部位水面局部升高，从而影响到水面位置读数的准确性。在应用直接测量法测量水位时，要考虑由此产生的读数误差。

2. 测针法。

在需要测量水位处设置测针架，当测针尖接触水面后，游标上的零刻度对应测针标尺的数值为水位读数。

为提高读数的精度，需了解测针游标的测读方法。测针标尺的单位刻度是1mm，游标的单位刻度是0.9mm。测针标尺的单位刻度与游标的单位刻度之差为0.1mm。因此，游标刻度与测针标尺重合处的游标读数是精确到 0.1mm 的读数。

　　在上下移动测针杆测量水位时，应首先用一只手扶住芯体，另一只手抓住测针杆将其向上（或向下）移动到所需位置附近，此步骤称为粗调（粗调时芯体不随测针杆移动）。再用微动齿轮仔细调节测针尖刚好接触水面，此步骤称为细调。由于微动齿轮调节范围有限，细调范围一般不应大于 0.4cm，以免损坏设备。当向某一方向（向上或向下）实行微调受阻时，应将微动齿轮向相反方向旋动，使测针杆向上（或下）移动 1.5cm 左右，再按先粗调、后细调的步骤将测针调至所需位置。

三、实验仪器

　　实验装置由实验水槽、水位测针、钢尺等组成。水位测针的构造如图 4－1 所示。

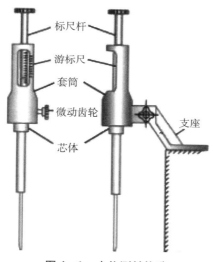

标尺杆

游标尺

套筒

微动齿轮

芯体

支座

图 4－1　水位测针构造

四、实验步骤

　　1. 启动抽水泵，将水抽到水槽中，旋转流量旋钮，设定第一种流量条件。

　　2. 直接量测法的应用。在玻璃水槽外部附上皮尺，直接读出水槽中的水深值。

　　3. 测针法的应用。先将测针放入水槽底部，读出槽底读数；再将测针尖自下向上逐渐接近水面，直至针尖与其倒影刚巧重合，读出水面位置的读数；再将二者相减得出水槽的水深值。

　　4. 改变流量，重复步骤"2."、"3."，重复使用直接量测法和测针法测量水深。

五、注意事项

1. 改变流量时，需待水流稳定后至少 6 分钟，方可开始记录。当水位略有波动时，则应量测最高与最低水位多次，然后取平均值作为平均水位。

2. 应用直接量测法测量水位时，误差可能较大，可多测量几次求平均值。

3. 利用测针法读取槽底读数时，应小心使针尖接近槽底，避免用力过大导致针尖发生弯曲变形，影响读数的准确性；读取水面读数时，应使测针尖自下向上逐渐接近水面，直至针尖与其倒影刚好重合时进行测读。

4. 经常检查测针有无松动、针尖有无变形等。

 六、测量与计算

1. 仪器编号。

2. 实验数据记录，如表 4 - 1 和表 4 - 2 所示。

表 4 - 1 　　　　　　　　　　　直接法测量水位

设定流量 Q（m³/s）	1	2	1	2	1	2
水深值 H（m）						
水位平均值 H（m）						

表 4 - 2 　　　　　　　　　　　测针法测量水位

设定流量 Q（m³/s）	1	2	1	2	1	2
水面读数 Z_1（m）						
槽底读数 Z_2（m）						
水深值 H（m）						
水位平均值 H（m）						

 七、思考题

1. 根据测量数据，分别绘出直接量测法和测针法两种方法下的流量和水位曲线，并分析流量和水位之间的相关关系。

2. 比较分析直接量测法和测针法对水位测量的精度。

第二节 流速监测

一、实验目的

初步了解旋桨流速仪的构造和测速原理,掌握流速仪测量点流速的方法;根据垂线平均流速测量的一点法和三点法进行垂线流速测量,计算垂线平均流速;初步分析垂线流速分布规律。

二、实验仪器

实验装置由实验水槽、水位测针、LCY－Ⅲ型多功能智能流速仪、新型流速旋桨传感器等组成。

LCY－Ⅲ型多功能智能流速仪配置了8健触摸键盘,8位LED显示,以及新型通孔流速旋桨传感器。

三、实验原理

(一) LCY－Ⅲ型多功能智能流速仪测速原理

新型旋桨流速仪由光电式传感器和计数器两部分组成。将旋桨传感器固定在水流中的施测点上,旋桨正对水流方向。由仪器灯源电压供电的光源灯泡所射出的光线经聚光球聚焦在光导纤维上,光线经光导纤维传至旋桨。旋桨在水流冲击下转动,每只桨叶均受垂直于旋桨径向的作用力,使桨叶绕轴旋转,叶片上的一个反光片也随之转动。旋桨每转一圈,反光片反射一次,光敏三极管的电阻也变化一次,产生一个电脉冲信号,经放大整形后输入计数器进行计数。流速越大,旋桨的旋转速度也越快,单位时间内的电脉冲信号也就越多。记下单位时间的转数,即可根据下式求出流速值。

$$v = K \frac{N}{T} + C$$

式中:v——流速,cm/s;

  K——流速系数,旋桨每转动1/2周水流质点前进的距离,cm;

  C——旋桨起动流速值,cm/s;

  T——设定的采样时间,s;

  N——采样时间内的传感器旋桨转数,对单反光面旋桨而言;若对双反光面旋桨,N应除以2才为采样时间内的传感器旋桨转数。

LCY－Ⅲ型多功能智能流速仪的新型旋桨传感器旋桨直径为 Φ15mm，传感器系数 K、C 值已率设定好，K = 2.85，C = 1.00，采样时间 T 值可在 1～99s 任选，测量结果不需手动记录，可通过本机通信接口传输到计算机进行数据处理。流速测量设计为三次平均，即自动连续测量三次，并逐次显示、计算和存储各个通道的 V_1、V_2、V_3 和平均流速 V。流速测量范围：1～200cm/s。

（二）垂线平均流速的计算

流速在垂线方向上的变化称为流速的垂向分布。一般从河底向水面流速逐渐增大，但最大值 V_{max} 不在水面，而在水面以下 0.1～0.3 倍水深处，垂向平均流速 V_m 一般相当于 0.6 倍水深处的流速。V_m 通常可用一点法、二点法、三点法和五点法计算。

一点法：$V_m = V_{0.6H}$

二点法：$V_m = 0.5(V_{0.2H} + V_{0.8H})$

三点法：$V_m = (V_{0.2H} + V_{0.6H} + V_{0.8H})/3$

五点法：$V_m = (V_{0.0H} + 3V_{0.2H} + 3V_{0.6H} + 2V_{0.8H} + V_{1.0H})/10$

■ 四、实验步骤

1. 启动抽水泵，将水抽到水槽中，旋转流量旋钮，设定第一种流量条件。

2. 待水流稳定后，利用测针法测量水位。先将测针放入水槽底部，读出槽底读数；再将测针尖自上向下逐渐接近水面，直至针尖与其倒影刚巧重合，读出水面位置的读数；再将二者相减得出水槽的水深值。

3. 打开流速仪电源，将后面板的"测量/自检开关"拨到"测量"挡，将流速传感器固定到所要施测的断面中心垂线。根据垂线平均流速计算的三点法，利用钢尺确定 3 个测点（0.2H、0.6H、0.8H）的具体位置，将流速传感器的旋桨中部的细丝调整到相应的水平位置。

4. 调整好某一测点位置后，开启模型试验浪高测量程序，点击"流速测量—8 线测量—单机测量"，先进行"通讯口设置"，选定后按"确定"再进行"流速仪选择"，选定流速仪的通信地址；选定后按"读取参数 KCT"，会显示多路传感器 K、C 值和采样时间 T 值。此时可以修改参数值，修改后按"设置参数 KCT"会自动保存。按"开始测量"，一个测点连续测量三次取平均值，作为该测点的流速值。按"数据存盘"，该组数据会自动以年月日的名称保存到文件夹中。

5. 移动流速传感器到另一个测点位置，无须还原系统，直接点击"开始测量"，即可测量该点的流速值，测量完将数据存盘。

6. 改变流量给定值，设置第二种、第三种流量条件，重复以上步骤，得到不同流量条件下水槽断面的垂线流速分布。

五、注意事项

1. 改变流量时，需待水流稳定后至少 6 分钟，方可开始记录。当水位略有波动时，则应量测最高与最低水位多次，然后取平均值作为平均水位。

2. 测速时，要使水位测针离开水槽，避免因测针管对水流的阻力影响流速的测定。注意保持旋桨与水流方向垂直，以减少流速误差。

3. 施测时要经常注意观察旋桨，如发现有杂物干扰旋桨的转轴时，要及时处理，以防影响测量精度。清理杂物时要特别小心，不得用硬件去触碰旋桨。

4. 实验中流速仪的设定单位为 cm/s。

六、测量与计算

1. 仪器编号。
2. 数据记录，如表 4 - 3 和表 4 - 4 所示。

表 4 - 3 　　　　　　　　　　不同流量下的水位测量

设定流量 Q（m³/s）						
	1	2	1	2	1	2
水面读数 Z_1（m）						
槽底读数 Z_2（m）						
水深值 H（m）						
水位平均值 H（m）						

表 4 - 4 　　　　　　　　　　测针法测量水位

设定流量 Q（m³/s）	测点	测点至水面高度 h（m）	测点流速 V（m/s）	一点法垂线平均流速（m/s）	三点法垂线平均流速（m/s）
	0.2H				
	0.6H				
	0.8H				
	0.2H				
	0.6H				
	0.8H				
	0.2H				
	0.6H				
	0.8H				

七、思考题

1. 根据实测数据，绘制不同流量下的一点法及三点法垂线平均流速分布图，进行比较分析，总结归纳流量与流速的关系。

2. 根据实测数据，绘制不同流量下，垂线方向上的流速分布图，初步分析垂线流速的分布规律。

第三节　pH 测定

pH 值是水中氢离子活度的负对数，天然水中的 pH 值多为 6~9，这也是我国污水排放标准中的 pH 值的控制范围。pH 值是水化学中常用的和最重要的检验项目之一。由于 pH 值受水温影响而变化，测定时应在规定的温度下进行，或者校正温度。

一、实验目的

1. 了解用直接电位法测定溶液 pH 值的原理和方法。
2. 掌握酸度计的使用方法。

二、实验原理

pH 由测量电池的电动势而得。该电池通常由饱和甘汞电极为参比电极，玻璃电极为指示电极所组成。在 25℃，溶液中每变化 1 个 pH 单位，电位差改变为 59.16mV，据此在仪器上直接以 pH 的读数表示。温度差异在仪器上有补偿装置。

三、实验仪器

1. 精密酸度计（pH 计）。
2. 烧杯。

四、实验试剂

1. pH = 4.00 标准缓冲溶液（25℃）。
2. pH = 6.86 标准缓冲溶液（25℃）。
3. pH = 9.18 标准缓冲溶液（25℃）。

五、实验步骤

1. 将仪器接通电源。

2. 仪器选择开关置于 pH 挡，开启电源，仪器预热几分钟，然后进行校正。

3. 仪器的校正：

方法一：一点校正法——用于分析精度要求不高的情况。

（1）仪器插上电极，选择开关置于"pH"挡。

（2）仪器斜率调节器调节在 100% 位置（即顺时针旋到底的位置）。

（3）选择一种接近样品 pH 值的缓冲溶液（如 pH = 7），并把电极放入这一缓冲溶液中，调节温度调节器，使所指示的温度与溶液的温度相同，并摇动缓冲溶液使溶液均匀。

（4）待读数稳定后，该读数应为缓冲溶液的 pH 值，否则调节定位调节器。

（5）清洗电极并吸干电极球泡表面多余的水。

方法二：二点校正法——用于分析精度要求较高的情况。

（1）仪器插上电极，选择开关置于"pH"挡，仪器斜率调节器调节在 100% 位置。

（2）选择两种缓冲溶液（即被测溶液的 pH 值在该两种缓冲溶液的 pH 值之间或接近的情况，如 pH = 4 和 pH = 7）。

（3）把电极放入第一种缓冲溶液中（如 pH = 4），调节温度调节器，使所指示的温度与溶液的温度相同，并摇动缓冲溶液使溶液均匀。

（4）待读数稳定后，该读数应为缓冲溶液的 pH 值，否则调节定位调节器。

（5）电极放入第二种缓冲溶液中（如 pH = 7），调节温度调节器，使所指示的温度与溶液的温度相同，并摇动缓冲溶液使溶液均匀。

（6）待读数稳定后，该读数应为缓冲溶液的 pH 值，否则调节定位调节器。

（7）清洗电极并吸干电极球泡表面多余的水。

4. 测量 pH 值：已经被校正过的仪器即可用来测量被测溶液。

（1）被测溶液和定位溶液温度相同时：

①"定位"保持不变；

②将电极夹向上移出，用蒸馏水清洗电极头部，并用滤纸吸干；

③把电极插在被测溶液之内，摇动溶液使之均匀后读出该溶液 pH 值。

（2）被测溶液和定位溶液温度不同时：

①"定位"保持不变；

②将电极夹向上移出，用蒸馏水清洗电极头部，并用滤纸吸干，用温度计测出被测溶液的温度值；

③调节"温度"调节器，使指示在该温度值上；

④把电极插在被测溶液之内，摇动溶液使之均匀后读出该溶液 pH 值。

5. 实验完毕，将电极套好保护帽，放回电极盒中；仪器回零，关闭仪器开关，拔掉电源插头。

6. 清理实验台，物归原处，保持实验台面干净整洁。

六、注意事项

1. 经标定的仪器定位调节旋钮及斜率调节旋钮不应再有变动。

2. 一般情况下，经标定好的仪器 48 小时内不需要再标定，更换电极或电极在空气中 30 分钟以上，以及所测溶液 pH ＜ 2 或 pH ＞ 12 等情况需重新标定。

3. 电极取下帽后应注意，在塑料保护栅内的敏感玻璃泡不要与硬物接触，任何破损和擦毛都会使电极失效。

4. 测量完毕，不用时应将电极保护帽套上，帽内应有少量的补充液，以保持电极球泡的湿润。

5. 复合电极的外参比补充溶液为 3mol/L 氯化钾溶液。

6. 复合电极的引出端必须保持清洁和干燥，绝对防止输出两端短路，否则将导致测量结果失准或失效。

七、思考题

1. 水样 pH 与酸度两个指标有什么异同？测定方法有什么异同？

2. 用 pH 计测定水样 pH 值时为什么必须对 pH 计进行标定？为什么要进行温度补偿校正？

3. 安装电极时，应注意哪些事项？

4. 有色溶液或混浊溶液的 pH 值是否可以用酸度计测定？

第四节　水硬度测定

一、实验目的

1. 学会用配位滴定法测定水的总硬度，掌握配位滴定的原理，了解配位滴定的特点。

2. 学会 EDTA 标准溶液的配制、标定及稀释。

3. 学会 KB 指示剂、铬黑 T 指示剂的使用及络点颜色变化的观察，掌握配位滴定操作。

二、实验原理

　　水的硬度主要由于水中含有钙盐和镁盐，其他金属离子如铁、铝、锰、锌等离子也形成硬度，但一般含量甚少，测定工业用水总硬度时可忽略不计。测定水的硬度常采用配位滴定法，用乙二胺四乙酸二钠盐（EDTA）溶液滴定水中 Ca、Mg 总量，然后换算为相应的硬度单位。在要求不严格的分析中，EDTA 溶液可用直接法配制，但通常采用间接法配制。标定 EDTA 溶液常用的基准物有 Zn、ZnO、$CaCO_3$、Bi、Cu、$MnSO_4 \cdot H_2O$、Ni、Pb 等。为了减小系统误差，本实验中选用 $CaCO_3$ 为基准物，以 KB 为指示剂，进行标定。用 EDTA 溶液滴定至溶液由紫红色变为蓝绿色即为终点。

　　按国际标准方法测定水的总硬度：在 pH = 10 的 $NH_3 - NH_4Cl$ 缓冲溶液中，以铬黑 T（EBT）为指示剂，用 EDTA 标准溶液滴定至溶液由紫红色变为纯蓝色即为终点。滴定过程反应如下：

　　滴定前：$EBT + Mg_2^+ = Mg - EBT$

　　（蓝色）　　　　　　（紫红色）

　　滴定时：$EDTA + Mg_2^+ = Ca - EDTA$

　　（无色）

　　$EDTA + Mg_2^+ = Mg - EDTA$

　　（无色）

　　终点时：$EDTA + Mg - EBT = Mg - EDTA + EBT$

　　（紫红色）　　　　　　（蓝色）

　　到达计量点时，呈现指示剂的纯蓝色。

　　若水样中存在 Fe^{3+}、Al^{3+} 等微量杂质时，可用三乙醇胺进行掩蔽。

　　Cu^{2+}、Pb^{2+}、Zn^{2+} 等重金属离子可用 NaS 掩蔽。

　　水的硬度常以氧化钙的量来表示。各国对水的硬度表示不同，我国沿用的硬度表示方法有两种：一种以（°）计，1 硬度单位表示十万份水中含 1 份 CaO（即每升水中含 10mg CaO），即 $1° = 10mg \cdot L\ CaO$；另一种以 $CaO\ mmol \cdot L^{-1}$ 表示。

　　若要测定钙硬度，可控制 pH 介于 12 ~ 13 之间，选用钙指示剂进行测定。镁硬度可由总硬度减去钙硬度求出。

三、仪器与试剂

　　台秤、分析天平、酸式滴定管、锥形瓶、移液管（25ml）、容量瓶（250ml）、烧杯、试剂瓶、量筒（100ml）、表面皿。

　　EDTA（s）（A. R.）、KB 指示剂、$CaCO_3$（A. R.）、HCl（1:1）、三乙醇胺（1:1）、$NH_3 - NH_4Cl$ 缓冲溶液（pH = 10）、铬黑 T 指示剂（0.05%）、钙指示剂水样。

四、实验步骤

1. 0.02mol·L⁻¹ EDTA 标准溶液的配制和标定。

（1）配制：在台秤上称取 4.0g EDTA 于烧杯中，用少量水加热溶解，冷却后转入 500ml 试剂瓶中加去离子水稀释至 500ml。长期放置时应贮于聚乙烯瓶中。

（2）标定：准确称取 $CaCO_3$ 基准物 0.50 ~ 0.55g，置于 100ml 烧杯中，用少量水先润湿，盖上表面皿，慢慢滴加 1:1HCL 10ml，待其溶解后，用少量水洗表面皿及烧杯内壁，洗涤液一同转入 250ml 容量瓶中，用水稀释至刻度，摇匀。

移取 25.00ml Ca^{2+} 溶液于 250ml 锥形瓶中，加入 20ml 氨性缓冲溶液，2 ~ 3 滴 KB 指示剂。用 0.02mol·L⁻¹ EDTA 溶液滴定至溶液由紫红变为蓝绿色即为终点。平行标定三次，计算 EDTA 溶液的准确浓度。

2. 工业用水总硬度的测定。

取水样 100ml 于 250ml 锥形瓶中，加入 5ml 1:1 三乙醇胺（若水样中含有重金属离子，则加入 1ml 2% Na_2S 溶液掩蔽），5ml 氨性缓冲溶液，2 ~ 3 滴铬黑 T（EBT）指示剂，0.005mol·L⁻¹ EDTA 标准溶液（用 0.02mol·L⁻¹ EDTA 标准溶液稀释）滴定至溶液由紫红色变为纯蓝色即为终点。注意接近终点时应慢滴多摇。平行测定三次，计算水的总硬度，以度（°）和 mmol·L⁻¹ 两种方法表示分析结果。

附：钙硬度和镁硬度的测定。

取水样 100ml 于 250ml 锥形瓶中，加入 2ml 6mol·L⁻¹ NaOH 溶液，摇匀，再加入 0.01g 钙指示剂，摇匀后用 0.005mol·L⁻¹ EDTA 标准溶液滴定至溶液由酒红色变为纯蓝色即为终点。计算钙硬度。由总硬度和钙硬度算出镁硬度。

注释：

铬黑 T 与 Mg^{2+} 显色灵敏度高，与 Ca^{2+} 显色灵敏度低，当水样中 Ca^{2+} 含量高而 Mg^{2+} 很低时，得到不敏锐的终点，可采用 KB 混合指示剂。

水样中含铁量超过 10mg·ml⁻¹ 时用三乙醇胺掩蔽有困难，需用蒸馏水将水样稀释到不超过 10mg·ml⁻¹。

五、思考题

1. 铬黑 T 指示剂是怎样指示滴定终点的？
2. 配位滴定中为什么要加入缓冲溶液？
3. 用 EDTA 法测定水的硬度时，哪些离子的存在有干扰？如何消除？

第五节　浊度测定

浊度是由于水中含有泥沙、黏土、有机物、无机物、浮游生物和微生物等悬浮物质所造成的，可使光散射或吸收。天然水经过混凝、沉淀和过滤等处理，使水变得清澈。

 一、实验目的

1. 了解分光光度计的原理及使用方法。
2. 掌握分光光度法测定水的浊度方法。

 二、实验原理

在适当温度下，硫酸肼与六亚甲基四胺聚合，形成白色高分子聚合物。以此作为浊度标准液，在一定条件下与水样浊度相比较。

 三、实验仪器

1. 50ml 具塞比色管 8 支。
2. 100ml 容量瓶 3 个。
3. 分光光度计，配有光程 30mm 比色皿。
4. 10.0ml 移液管 1 支。

 四、实验试剂

1. 无浊度水，将蒸馏水通过 0.2μm 滤膜过滤，收集于用滤过水荡洗两次的烧瓶中。
2. 浊度贮备液。
（1）硫酸肼溶液，称取 1.000g 硫酸肼 $[(N_2H_4)H_2SO_4]$，溶于水中，定容至 100ml。
（2）六次甲基四胺溶液 $[(CH_2)_6N_4]$，称取 10.00g 六次甲基四胺溶于水中，定容至 100ml。
（3）浊度标准溶液，吸取 5.00ml 硫酸肼溶液与 5.00ml 六次甲基四胺溶液于 100ml 容量瓶中，混匀。于 25℃±3℃下静置反应 24 小时，用水稀释至标线，混匀。此溶液浊度为 400 度。可保存 1 个月。

 五、实验步骤

1. 标准曲线的绘制。
吸取浊度标准溶液 0、0.50ml、1.25ml、2.50ml、5.00ml、10.00ml 和 12.5ml，置于 50ml 比色管中，加无浊度水至标线。摇匀后即得浊度为 0、4、10、20、40、80、100 度的

标准系列。用 30mm 比色皿于 680mm 波长下测定吸光度，绘制浊度 – 吸光度校准曲线。

2. 水样的测定。

吸取 50.0ml 摇匀水样（无气泡，如浊度超过 100 度可酌情少取，用无浊度水稀释至 50.0ml）于 50ml 比色管中，按绘制校准曲线的步骤测定吸光度，由校准曲线上查得水样浊度。填写记录如表 4 – 5 所示。

表 4 – 5　　　　　　　　　　分光光度法测定浊度数据记录

溶液		测量值		
		体积/ml	稀释倍数	吸光度
标准溶液	1	0		
	2	0.50		
	3	1.25		
	4	2.50		
	5	5.00		
	6	10.00		
	7	12.50		
水样	1			
	2			
	3			
	4			
	5			

六、数据处理

$$浊度（度）= \frac{A(B+C)}{C}$$

式中：A——稀释后水样的浊度，度；

B——稀释水体积，ml；

C——原水样体积，ml。

不同浊度范围测试结果的精度要求如表 4 – 6 所示。

表 4 – 6　　　　　　　　　　测定浊度的精度要求

浊度范围/度	精度/度
1 ~ 10	1
10 ~ 100	5

续表

浊度范围/度	精度/度
100~400	10
400~1000	50
>1000	100

七、注意事项

1. 实验过程中干扰及消除水样应无碎屑及易沉淀的颗粒。器皿不清洁及水中溶解的空气泡会影响测定结果。如在 680nm 波长下测定，天然水中存在淡黄色、淡绿色的干扰。

2. 方法的适用范围，本法适用于测定天然水、饮用水的浊度，最低检测浊度验为 3 度。

3. 玻璃量器精确程度会影响实验结果。

4. 用移液管移取溶液时，要规范操作动作，以免影响结果。

5. 硫酸肼毒性较强，属致癌物质，取用时注意。

八、思考题

1. 影响水的浊度的因素主要有哪些？

2. 如何将校准曲线绘制得更精确？

3. 分光光度法测定浊度时为什么用 30mm 的比色皿？

第六节 溶解氧测定

溶解在水中的分子态氧称为溶解氧。天然水的溶解氧含量取决于水体与大气中氧的平衡。溶解氧的饱和含量和空气中氧的分压、大气压力、水温有密切关系。清洁地面水溶解氧一般接近饱和。由于藻类的生长，溶解氧可能过饱和。水体受有机、无机还原性物质污染，使溶解氧降低。当大气中的氧来不及补充时，水中溶解氧逐渐降低，以致趋近于零，此时厌氧菌繁殖，水质恶化。废水中溶解氧的含量取决于废水排出前的工艺过程，一般含量较低，差异很大。

鱼类死亡事故多是由于大量受到纳污水的影响，纳污水使水体中耗氧性物质增多，溶解氧降低，造成鱼类窒息死亡。因此，溶解氧是评价水质的重要指标之一。

测定水中溶解氧常采用碘量法及其修正法、膜电极法和现场快速溶解氧仪法。清洁水可直接采用碘量法测定。水样有色或含有氧化性及还原性物质、藻类、悬浮物等干扰测定。氧化性物质可使碘化物游离出碘，产生正干扰。某些还原性物质可把碘还原成碘化物，产生负干扰。有机物（如腐殖酸、丹宁酸、木质素等）可能被部分氧化，产生负干扰。所以大部分受污染的地面水和工业废水，必须采用修正的碘量法或膜电极法测定。

 一、实验目的

1. 掌握碘量法测定水中溶解氧的原理和方法。
2. 了解其他测定溶解氧的原理、方法和适用范围。
3. 掌握滴定终点的控制方法。

 二、实验原理

在水样中加入硫酸锰和碱性碘化钾，水中的溶解氧会将二价锰氧化成四价锰，并生成四价锰的氢氧化物棕色沉淀。加酸后，沉淀溶解，则四价锰与溶液中的碘化钾作用（氧化碘离子）而释放出与溶解氧量相当的游离碘。以淀粉作指示剂，用硫代硫酸钠标准溶液滴定释放出的碘，从而可计算出溶解氧的含量。反应式如下：

$$MnSO_4 + 2NaOH = Na_2SO_4 + Mn(OH)_2 \downarrow (白色)$$
$$2Mn(OH)_2 + O_2 = 2MnO(OH)_2 \downarrow (棕色)$$
$$MnO(OH)_2 + 2KI + 2H_2SO_4 = I_2 + MnSO_4 + K_2SO_4 + 3H_2O$$
$$I_2 + 2Na_2S_2O_3 = 2NaI + Na_2S_2O_6 (连四硫酸钠)$$

由以上化学反应式可以看出 2mol $Na_2S_2O_3$ 相当于 1/2mol 的氧。

 三、实验仪器

1. 250ml 碘量瓶。
2. 50ml 滴定管。
3. 1ml、25ml、50ml 移液管。
4. 10ml、100ml 量筒。

四、实验试剂

1. 硫酸锰溶液：称取 480g 硫酸锰（$MnSO_4 \cdot 4H_2O$）溶于蒸馏水中，用水稀释至 1000ml。此溶液加到酸化过的碘化钾溶液中，遇淀粉不得产生蓝色。
2. 碱性碘化钾溶液：称取 500g 氢氧化钠溶解于 300~400ml 水中，冷却；另称取 150g 碘化钾溶于 200ml 水中，待氢氧化钠溶液冷却后，将两溶液合并，混匀，用水稀释至 1000ml。如有沉淀，则放置过夜后，倾出上层清液，贮于棕色瓶中，用橡皮塞塞紧，避光保存。此溶液酸化后，遇淀粉应不呈蓝色。

3. 10g/L 淀粉指示液：称取 1g 可溶性淀粉，用少量水调成糊状，再用刚煮沸的蒸馏水（边加边搅拌）稀释至 100ml。冷却后，加入 0.1g 水杨酸或 0.4g 氯化锌防腐。此溶液遇碘应变为蓝色，如变成紫色表示已有部分变质，要重新配制。

4. （1＋5）硫酸溶液：将浓硫酸（相对密度 1.84）33ml 慢慢倒入 167ml 蒸馏水中。

5. 重铬酸钾标准溶液 $[c(1/6K_2Cr_2O_7)=0.02500\text{mol/L}]$：称取于 105℃ ~ 110℃ 烘干 2 小时并冷却的优级纯重铬酸钾 1.2258g，溶于蒸馏水中，移入 1000ml 容量瓶中，用水稀释至标线，摇匀。

6. 硫代硫酸钠溶：称取 6.2g 硫代硫酸钠（$Na_2S_2O_3 \cdot 5H_2O$）溶于煮沸放冷的蒸馏水中，加 0.2g 碳酸钠，用水稀释至 1000ml，贮于棕色瓶中，使用前用 0.02500mol/L 重铬酸钾标准溶液标定。

标定方法：于 250ml 碘量瓶中，加入 100ml 水和 1.0g 碘化钾，加入 10.0ml 0.02500mol/L 重铬酸钾标准溶液、5ml（1＋5）硫酸溶液，密塞后摇匀。于暗处静置 5 分钟后，用硫代硫酸钠溶液滴定至溶液呈淡黄色，再加入 1ml 淀粉溶液，继续滴定于蓝色刚好褪去为终点，记下用量，按下式计算。

$$C = \frac{10.00 \times 0.0250}{V}$$

式中：C——硫代硫酸钠溶液的浓度，mol/L；

　　　V——滴定时消耗硫代硫酸钠的体积，ml。

五、实验步骤

1. 采样：将取样管插至溶解氧瓶底让水样慢慢溢出，装满后继续直至再溢出半瓶左右时，取出样管，赶走瓶壁上可能存在的气泡，盖上瓶塞（塞下不能留有气泡）。采集水样时应不使水样曝气或有气泡残存在采样瓶中。

2. 溶解氧的固定：用吸液管加入 1ml 硫酸锰溶液和 2ml 碱性碘化钾溶液（须插入水样 2/3 处再放出），盖好瓶塞，颠倒混合数次，静置。待棕色沉淀物降至瓶内一半时，再颠倒混合一次，待沉淀物下降到瓶底。一般在取样现场固定。

3. 析出碘：将现场带回的水样重新加以振摇，待沉淀物尚未沉至瓶底时，轻轻打开瓶塞，立即用吸液管吸取 2.0ml 硫酸，插入近瓶底处放出，盖好瓶塞，颠倒混合摇匀，至沉淀物全部溶解，放置暗处 5 分钟。

4. 滴定：吸取上述溶液 100.00ml 于 250ml 锥形瓶中，用硫代硫酸钠标准溶液滴定至溶液呈淡黄色，加入 l.0ml 淀粉溶液，继续滴定至蓝色刚好褪去，记录硫代硫酸钠溶液用量。

六、数据处理

$$溶解氧(O_2, mg/L) = \frac{cV \times 8 \times 100}{100}$$

式中：c——硫代硫酸钠标准溶液的浓度，mol/L；

　　　V——滴定时消耗硫代硫酸钠标准溶液的体积，ml；

　　　8——氧$\left(\frac{1}{2}\right)$的摩尔质量，g/mol。

填写水样中溶解氧的测定数据记录表，如表4-7所示。

表4-7　　　　　　　　　　　水样中溶解氧的测定数据记录

水样	滴定硫代硫酸钠消耗重铬酸钾			滴定溶解氧消耗硫代硫酸钠		
	初始体积 V_1/ml	终点体积 V_2/ml	消耗体积 $V = V_2 - V_1$/ml	初始体积 V_3/ml	终点体积 V_4/ml	消耗体积 $V' = V_4 - V_3$/ml
1						
2						
3						
4						

七、注意事项

1. 一般规定要在取水样后立即进行溶解氧测定，若不能在取水样处完成，应该在水样采取后立即加入硫酸锰和碱性碘化钾溶液，将溶解氧"固定"在水中，并尽快进行测定（间隔不超过4小时为宜）。

2. 当水样中亚硝酸盐含量 >0.1mg/L 时会干扰测定，由于亚硝酸盐与碘化钾作用会析出游离碘。可在用浓硫酸溶解沉淀之前加入数滴5%叠氮化钠溶液。

3. 如果水样呈强酸性或强碱性，可用氢氧化钠或硫酸溶液调至中性后测定。

4. 如果水样中含有氧化性物质（如游离氯大于0.1mg/L时），应预先于水样中加入硫代硫酸钠去除。即用两个溶解氧瓶各取一瓶水样，在其中一瓶加入5ml（1+5）硫酸和1g碘化钾，摇匀，此时游离出碘。以淀粉作指示剂，用硫代硫酸钠溶液滴定至蓝色刚好褪去为止，记下用量（相当于去除游离氯的量）。于另一瓶水样中，加入同样量的硫代硫酸钠溶液，摇匀后，按操作步骤测定。

5. 如果水样呈强酸性或强碱性，可用氢氧化钠或硫酸溶液调至中性后测定。

6. 水样中亚硝酸盐氮含量高于0.05mg/L，二价铁低于1mg/L时，采用叠氮化钠修正法。此法适用于多数污水及生化处理出水；水样中二价铁高于1mg/L，采用高锰酸钾修正法；水样有色或有悬浮物，采用明矾絮凝修正法；含有活性污泥悬浊物的水样，采用硫酸铜—氨基磺酸絮凝修正法。

7. 水样的采集与保存，用碘量法测定水中溶解氧，水样常采集到溶解氧瓶中。采集水样时，要注意不使水样曝气或有气泡残存在采样瓶中。可用水样冲洗溶解氧瓶后，沿瓶壁直接倾注水样或用虹吸法将吸管插入溶解氧瓶底部，注入水样至溢出水瓶容积的 $1/3 \sim 1/2$。

水样采集后，为防止溶解氧变化，应立即加固定剂于样品中并存于冷暗处，同时记录水温和大气压力。

8. 精密度和准确度，经不同海拔高度的 4 个实验室分析于 20℃ 含饱和溶解氧 6.85 ~ 9.09mg/L 的蒸馏水，单个实验室的相对标准偏差不超过 0.3%；分析含 4.73 ~ 11.4mng/L 溶解氧的地表水，单个实验室的相对标准偏差不超过 0.5%。

 ## 八、思考题

1. 取水样时应注意哪些情况？
2. 加入硫酸锰溶液，碱性碘化钾溶液和浓硫酸时，为什么必须插入液面以下。
3. 当碘析出时，为什么把溶解氧瓶放置在暗处 5 分钟？

第七节　COD 测定

化学需氧量（COD_{Cr}），是指在一定条件下，用强氧化剂处理水样时所消耗氧化剂的量，以氧的 mg/L 来表示。化学需氧量反映了水中受还原性物质污染的程度。水中还原性物质包括有机物、亚硝酸盐、亚铁盐、硫化物等。水被有机物污染是很普遍的，因此化学需氧量也作为有机物相对含量的指标之一。

 ## 一、实验目的

1. 理解水样化学需氧量测定原理。
2. 掌握滴定管的使用。

 ## 二、实验原理

在水样中加入已知量的重铬酸钾溶液，并在强酸介质下以银盐作催化剂，经沸腾回流后，以试亚铁灵为指示剂，用硫酸亚铁铵滴定水样中未被还原的重铬酸钾的量，根据硫酸亚铁铵的量换算成消耗氧的质量浓度。

在酸性重铬酸钾条件下，芳烃及吡啶难以被氧化，其氧化率较低。在硫酸因催化作用下，直链脂肪族化合物可有效地被氧化。

三、实验仪器

1. 500ml 全玻璃回流装置。
2. 电热板或电炉。
3. 25ml 酸式滴定管。
4. 500ml 锥形瓶。

四、实验试剂

除非另有说明，实验时所用试剂均为符合国家标准的分析纯试剂，试验用水均为蒸馏水或同等纯度的水。

1. 硫酸银（Ag_2SO_4），化学纯。
2. 硫酸汞（$HgSO_4$），化学纯。
3. 硫酸（H_2SO_4），$\rho = 1.84g/Ml$。
4. 硫酸银–硫酸试剂：向 1L 硫酸中加入 10g 硫酸银，放置 1~2 天使之溶解，并混匀，使用前小心摇动。
5. 重铬酸钾标准溶液：
（1）浓度为 $C(1/6K_2Cr_2O_7) = 0.250mol/L$ 的重铬酸钾标准溶液：将 12.258g 在 105℃ 干燥 2 小时后的重铬酸钾溶于水中，稀释至 1000ml。
（2）浓度为 $C(1/6K_2Cr_2O_7) = 0.0250mol/L$ 的重铬酸钾标准溶液：将上述溶液稀释 10 倍而成。
6. 硫酸亚铁铵标准滴定溶液：
（1）浓度为 $C[(NH_4)_2Fe(SO_4)_2 \cdot 6H_2O] \approx 0.10mol/L$ 的硫酸亚铁铵标准滴定溶液；溶解 39g 硫酸亚铁铵 $[(NH_4)_2Fe(SO_4)_2 \cdot 6H_2O]$ 于水中，加入 20ml 硫酸，待其溶液冷却后稀释至 1000ml。
（2）每日临用前，必须用"重铬酸钾标准溶液 5.（1）"准确标定此溶液的浓度。
取 10.00ml "重铬酸钾标准溶液 5.（1）"置于锥形瓶中，用水稀释至约 100ml，加入 30ml 硫酸，混匀，冷却后，加 3 滴（约 0.15ml）试亚铁灵指示剂，用硫酸亚铁铵滴定溶液的颜色由黄色经蓝绿色变为红褐色即为终点。记录下硫酸亚铁铵的消耗量（ml）。
（3）浓度为 $C[(NH_4)_2Fe(SO_4)_2 \cdot 6H_2O] \approx 0.010mol/L$ 的硫酸亚铁铵标准滴定溶液：将"硫酸亚铁铵标准滴定溶液 6.（1）"条的溶液稀释 10 倍，用"重铬酸钾标准溶液 5.（2）"标定。
7. 邻苯二甲酸氢钾标准溶液，$C(KCr_6H_5O_4) = 2.0824m\ mol/L$：称取 105℃时干燥 2

小时的邻苯二甲酸氢钾（$HOOCC_6H_4COOK$）0.4251g 溶于水，并稀释至 1000ml，混匀。以重铬酸钾为氧化剂，将邻苯二甲酸氢钾完全氧化的 COD 值为 1.176g 氧/克（指 1g 邻苯二甲酸氢钾耗氧 1.176g）故该标准溶液的理论 COD 值为 500mg/L。

8. 1，10 – 菲绕啉（1，10 – phenathroline monohy drate）指示剂溶液：溶解 0.7g 七水合硫酸亚铁（$FeSO_4 \cdot 7H_2O$）于 50ml 的水中，加入 1.5g 1，10 – 菲绕啉，搅动至溶解，加水稀释至 100ml。

9. 防爆沸玻璃珠。

五、实验步骤

1. 对于 COD 值小于 50mg/L 的水样，应采用低浓度的"重铬酸钾标准溶液 5.（1）"氧化，加热回流以后，采用低浓度的"硫酸亚铁铵标准滴定溶液 6.（3）"回滴。

2. 该方法对未经稀释的水样其测定上限为 700mg/L，超过此限时必须经稀释后测定。

3. 对于污染严重的水样，可选取所需体积 1/10 的试料和 1/10 的试剂，放入 $10 \times 150mm$ 硬质玻璃管中，摇匀后，用酒精灯加热至沸数分钟，观察溶液是否变成蓝绿色。如呈蓝绿色，应再适当少取试料，重复以上试验，直至溶液不变蓝绿色为止。从而确定待测水样适当的稀释倍数。

4. 取试料"硫酸亚铁铵标准滴定溶液 6.（2）"于锥形瓶中，或取适量试料加水至 20.0ml。

5. 空白试验：按相同步骤以 20.0ml 代替试料进行空白试验，其余试剂和试料测定 8 相同，记录下空白滴定时消耗硫酸亚铁铵标准溶液的毫升数 V_1。

6. 校核试验：按测定试料 8 提供的方法分析 20.0ml 邻苯二甲酸氢钾标准溶液的 COD 值，用以检验操作技术及试剂纯度。

该溶液的理论 COD 值为 500mg/L，如果校核试验的结果大于该值的 96%，即可认为实验步骤基本上是适宜的，否则，必须寻找失败的原因，重复实验，使之达到要求。

7. 去干扰试验：无机还原性物质如亚硝酸盐、硫化物及二价铁盐将使结果增加，将其须氧量作为水样 COD 值的一部分是可以接受的。

该实验的主要干扰物为氯化物，可加入硫酸汞部分地除去，经回流后，氯离子可与硫酸汞结合成可溶性的氯汞络合物。

当氯离子含量超过 1000mg/L 时，COD 的最低允许值为 250mg/L，低于此值结果的准确度就不可靠。

8. 水样的测定：于试料 4 中加入 10.0ml "重铬酸钾标准溶液 5.（1）"和几颗防爆沸玻璃珠，摇匀。

将锥形瓶接到回流装置冷凝管下端，接通冷凝水。从冷凝管上端缓慢加入 30ml 硫酸银 – 硫酸试剂，以防止低沸点有机物的逸出，不断旋动锥形瓶使之混合均匀。自溶液开始沸腾起回流两小时。

冷却后，用20～30ml水自冷凝管上端冲洗冷凝管后，取下锥形瓶，再用水稀释至140ml左右。

溶液冷却至室温后，加入3滴1，10-菲绕啉指示剂溶液，用硫酸亚铁铵标准滴定溶液滴定，溶液的颜色有黄色经蓝绿色变为红褐色即为终点。记下硫酸亚铁铵标准滴定溶液的消耗毫升数 V_2。

9. 在特殊情况下，需要测定的试料在10.0ml到50.0ml之间，试剂的体积或重量按表4-8作相应的调整。

表4-8　　　　　　　　　　　　不同取样量采用的试剂用量

样品量 ml	0.250N$K_2Cr_2O_7$ ml	Ag_2SO_4－H_2SO_4 ml	$HgSO_4$ g	$(NH_4)_2Fe(SO_4)_2$ ·$6H_2O$ mol/L	滴定前体积 ml
10.0	5.0	15	0.2	0.05	70
20.0	10.0	30	0.4	0.10	140
30.0	15.0	45	0.6	0.15	210
40.0	20.0	60	0.8	0.20	200
50.0	25.0	75	1.0	0.25	350

 六、数据处理

以 mg/L 计的水样化学需氧量，计算公式如下：

$$化学需氧量(O_2，mg/L) = \frac{(V_1 - V_2)c \times 8 \times 1000}{V_0}$$

式中：C——硫酸亚铁铵标准滴定溶液（4.6）的浓度，mol/L；

　　　V_1——空白试验所消耗的消耗硫酸亚铁铵标准滴定溶液的体积，ml；

　　　V_2——试料试验所消耗的消耗硫酸亚铁铵标准滴定溶液的体积，ml；

　　　V_0——试料的体积，ml；

　　　8000——1/4 O_2 的摩尔质量以 mg/L 为单位换算值。

测定结果一般保留三位有效数字，对 COD 值小的水样，当计算出 COD 值小于10mg/L 时，应表示为"COD ＜10mg/L"。

重铬酸钾法测定化学需氧量数据记录，如表4-9所示。

 七、注意事项

1. 用本法测定时，0.4g 硫酸汞可与40mg 氯离子结合，如果氯离子浓度更高，应补加硫酸汞以使硫酸汞与氯离子的质量比为10∶1，产生轻微沉淀不影响测定。如水样中

表 4 - 9　　　　　　　　　　　　重铬酸钾法测定化学需氧量数据记录

样品	滴定硫代硫酸钠消耗重铬酸钾			$COD_{Cr}(O_2, mg/L)$
	初始 V_1	终点 V_2	消耗 $V = V_2 - V_1$	
1				
2				
3				
4				
1				
2				

氯离子的含量超过 1000mg/L，则需要按其他方法处理。

2. 加浓硫酸后必须使其充分混匀才能加热回流，回流时溶液颜色变绿，说明水样的化学需氧量太高，需将水样适当稀释后重新测定，加热回流后，溶液中重铬酸钾剩余量为原来量的 0.2 ~ 0.25 为宜。

3. 滴定前需将溶液体积稀释至 350ml 左右，以控制溶液的酸度，酸度太大则终点不明显。

4. 若水样中含易挥发性有机物，在加消化液时，应在冰浴中进行，或者从冷凝器顶端慢慢加入，以防易挥发性有机物损失，使结果偏低。

5. 水样中若有亚硝酸盐氮对测定会有影响，1mg 亚硝酸盐氮相当 1.14mg 化学需氧量，可按 1mg 硝酸盐氮加入 10mg 氨基磺酸来消除。蒸馏水空白中也应加入等量的氨基磺酸。

6. 若水样中氯离子大于 30mg/ml 时，先将水样做预处理：取水样 20.00ml，加 0.4g 硫酸汞和 5ml 浓硫酸，摇匀。

7. 精密度和准确度六个实验室分析 COD 为 150mg 的邻苯二甲酸氢钾统废水统一分发标准溶液，实验室内相对标准偏差为 4.3%；实验室间相对标准偏差为 5.3%。

8. 使用 0.4g 硫酸汞络合氯离子的最高量可达 40mg，如取用 20.00ml 水样，即最高可络合 2000mg/L 氯离子浓度的水样。若氯离子浓度较低，也可少加硫酸汞，使保持硫酸汞∶氯离子 = 10∶1（W/W）。若出现少量氯化汞沉淀，并不影响测定。

9. 水样取用体积可在 10.00 ~ 50.00ml 之间，但试剂用量及浓度需按表 4 - 10 进行相应调整，也可得到满意的结果。

10. 对于化学需氧量小于 50mg/L 的水样，应改用 0.0250mol/L 重铬酸钾标准溶液。回滴时用 0.01mol/L 硫酸亚铁铵标准溶液。

11. 水样加热回流后，溶液中重铬酸钾剩余量应为加入量的 1/5 ~ 4/5 为宜。

表 4 - 10　　　　　　　　　　　水样取用量和试剂用量

水样体积/ml	0.2500mol/L K₂Cr₂O₇ 溶液/ml	H₂SO₄ – Ag₂SO₄ 溶液/ml	HgSO₄/g	(NH₄)₂Fe(SO₄)₂ /(mol/L)	滴定前总体积/ml
10.0	5.0	15	0.2	0.050	70
20.0	10.0	30	0.4	0.100	140
30.0	15.0	45	0.6	0.150	210
40.0	20.0	60	0.8	0.200	280
50.0	25.0	75	1.0	0.250	350

12. 用邻苯二甲酸氢钾标准溶液检查试剂的质量和操作技术时，由于每克邻苯二甲酸氢钾的理论 COD_{Cr} 为 1.176g，所以溶解 0.4251g 邻苯二甲酸氢钾。（$HOOCC_6H_4COOK$）于重蒸馏水中，转入 1000ml 容量瓶，用重蒸馏水稀释至标线，使之成为 500mg/L 的 COD_{Cr} 标准溶液。用时现配。

13. COD_{Cr} 的测定结果应保留三位有效数字。

14. 每次实验时，应对硫酸亚铁铵标准滴定溶液进行标定，室温较高时尤其应注意其浓度的变化。

15. 干扰及其消除，酸性重铬酸钾氧化性很强，可氧化大部分有机物，加入硫酸银作催化剂时，直链脂肪族化合物可全被氧化，而芳香族有机物却不易被氧化，吡啶不被氧化，挥发性直链脂肪族化合物、苯等有机物存在于蒸气相，不能与氧化剂液体接触，氧化不明显。氯离子能被重铬酸盐氧化，并且能与硫酸银作用产生沉淀，影响测定结果，故在回流前向水样中加入硫酸汞，使成为络合物以消除干扰。氯离子含量高于 2000mg/L 的样品应先作定量稀释，含量降低至 2000mg/L 以下，再行测定。

16. 方法的适用范围，用 0.25mol 浓度的重铬酸钾溶液可测定大于 50mg/L 的 COD 值。用 0.025mol/L 浓度的重铬酸钾溶液可测定 5~50mg/L 的 COD 值，但低于 10mg/L 时测量准确度较差。

17. 水样的化学需氧量，可受加入氧化剂的种类及浓度、反应溶液的酸度、反很应温度和时间，以及催化剂的有无而获得不同的结果。因此，化学需氧量亦是一个条件性指标，必须严格按操作步骤进行。

18. 对于工业废水，我国规定用重铬酸钾法，其测得的值称为化学需氧量。

八、思考题

1. 测定 COD 时，应考虑哪些影响因素？

2. 为什么要测定化学需氧量？

3. 重铬酸钾法测定化学需氧量的过程中，硫酸汞和硫酸 – 硫酸银各起什么作用？

第八节　BOD₅ 测定

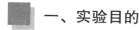 一、实验目的

1. 学会测定 BOD₅ 的方法；
2. 掌握实验数据的处理方法。

二、实验原理

将水样注满培养瓶，塞好后应不透气，将瓶置于恒温条件下培养 5 天。培养前后分别测定溶解氧浓度，由两者的差值可算出每升水消耗氧的质量，即 BOD₅ 值。

由于多数水样中含有较多的需氧物质，其需氧量往往超过水中可利用的溶解氧量，因此在培养前需对水样进行稀释，使培养后剩余的溶解氧符合规定。

一般水质检验所测 BOD₅ 只包括含碳物质的耗氧量和无机还原性物质的耗氧量。有时需要分别测定含碳物质耗氧量和硝化作用的耗氧量。常用的区别含碳和氮的硝化耗氧量的方法是向培养瓶中投加硝化抑制剂，加入矢量硝化抑制剂后，所测出的耗氧量即为含碳物质的耗氧量。在 5 天培养时间内，硝化作用的耗氧取决于是否存在足够数量的能进行此种氧化作用的微生物，原污水或初级处理的出水中这种微生物的数量不足，不能氧化显著量的还原性氮，而许多二级生化处理的出水和受污染较久的水体中，往往含有大量硝化微生物，因此测定这种水样时应抑制其硝化反应。

三、实验仪器

1. 恒温培养箱。
2. 5～20L 细口玻璃瓶。
3. 1000～2000ml 量筒。
4. 玻璃搅棒：棒长应比所用量筒高度长 20cm。在棒的底端固定一个直径比量筒直径略小，并带有几个小孔的硬橡胶板。
5. 溶解氧瓶：200～300ml，带有磨口玻璃塞并具有供水封口用的钟形口。
6. 虹吸管：供分取水样和添加稀释水用。

四、实验试剂

分析时，采用公认的分析纯试剂和蒸馏水或同等纯度的水（在全玻璃装置中蒸馏的

水或去离子水），水中含铜不应高于 0.01mg/L，并不应有氯、氯胺、苛性碱、有机物和酸类。

1. 接种水。

如试验样品本身不含有足够的合适性微生物，应采用下述方法之一，以获得接种水：

①城市废水，取自污水管或取自没有明显工业污染的住宅区污水管。

②在 1L 水中加入 100g 花园土壤，混合并静置 10 分钟。取 10ml 上清液用水稀释至1L。

③含有城市污水的河水或湖水。

④污水处理厂出水。

⑤当待分析水样为含难降解物质的工业废水时，取自待分析水排放口下游约 3 ~ 8km 的水或所含微生物适宜于待分析水并经实验室培养过的水。

2. 盐溶液。

下述溶液至少可稳定一个月，应贮存在玻璃瓶内，置于暗处。一旦发现有生物滋长迹象，则应弃去不用。

①磷酸盐：缓冲溶液。将 8.5g 磷酸二氢钾（KH_2PO_4）、21.75g 磷酸氢二钾（K_2HPO_4）、33.4g 七水磷酸氢二钠（$Na_2HPO_4 \cdot 7H_2O$）和 1.7g 氯化铵（NH_4Cl）溶于约 500ml 水中，稀释至 1000ml 并混合均匀。

此缓冲溶液的 pH 值应为 7.2。

②七水硫酸镁：22.5g/L 溶液。将 22.5g 七水硫酸镁（$MgSO_4 \cdot 7H_2O$）溶于水中，稀释至 1000ml 并混合均匀。

③氯化钙：27.5g/L 溶液。将 27.5g 氧化钙（$CaCl_2$）（若用水合氯化钙，要取相当的量）溶于水中，稀释至 1000ml 并混合均匀。

④六水氯化铁（Ⅲ）：0.252L 溶液。将 0.25g 六水氯化铁（$FeCl_3 \cdot 6H_2O$）溶于水中，稀释至 1000ml 并混合均匀。

3. 稀释水。

取每种"盐溶液 2. ①、②、③和④"各 1ml，加入约 500ml 水中，然后稀释至1000ml 并混合均匀，将此溶液置于20℃下恒温，曝气 1 小时以上，采取各种措施，使不受污染，特别是不被有机物质、氧化或还原性物质或金属污染。确保溶解氧浓度不低于 8mg/L。

此溶液的 5 日生化需氧量不得超过 0.2mg/L。此溶液应在 8 小时内使用。

4. 接种的稀释水。

根据需要和接种水的来源，向每升稀释水中加 1.0 ~ 5.0ml 接种水，将已接种的稀释水在约 20℃下保存，8 小时后尽早使用。

已接种的稀释水的 5 天（20℃）耗氧量应每升 0.3 ~ 1.0mg 之间。

5. 盐酸（HCl）溶液：0.5mol/L。

6. 氢氧化钠（NaOH）解液：20g/L。

7. 亚硫酸钠（Na_2SO_3）溶液：1.575g/L，此溶液不稳定，需每天配制。

8. 葡萄糖—谷氨酸标准溶液。

将一些无水葡萄糖（$C_6H_{12}O_6$）和一些谷氨酸（HOOC—CH_2—CH_2—CHNH$_2$—COOH）在103℃下干燥1小时，每种称量150±1mg，溶于蒸馏水中，稀释至1000ml并混合均匀。

五、实验步骤

1. 样品预处理。

（1）样品的中和。如果样品的pH值不在6~8之间，先做单独试验，确定需要用的盐酸溶液或氢氧化钠溶液的体积，再中和样品，不管有无沉淀生成。

（2）含游离氯或结合氯的样品。加入所需体积的亚硫酸钠溶液使样品中自由氯和结合氯失效，注意避免加过量。

2. 试验水样的准备。

将试验样品温度升至约20℃，然后在半充满的容器内摇动样品，以便消除可能存在的过量饱和氧。

将已知体积样品置于稀释容器中，用稀释水或接种稀释水稀释，轻轻地混合，避免夹杂气泡。稀释倍数可参考表4-11。

表4-11　　　　　　　　　　　测定BOD$_5$建议稀释的倍数

预期BOD$_5$值，mg/L	稀释比	结果取整到	适用的水样
2~6	1~2之间	0.5	R
4~12	2	0.5	R，E
10~30	5	0.5	R，E
20~60	10	1	E
40~120	20	2	S
100~300	50	5	S，C
200~600	100	10	S，C

注：R表示河水；E表示生物净化过的污水；S表示澄清过的污水或轻度污染的工业废水；C表示原污水；I表示严重污染的工业废水。

若采用的稀释比大于100，将分两步或几步进行稀释。若需要抑制硝化作用，则加入ATU或TCMP试剂。

若只需要测定有机物降解的耗氧，必须抑制硝化微生物以避免氮的硝化过程，为此目的，在每升稀释样品中加入2ml浓度为500mg/L的烯丙基硫脲（AYU）（$C_4H_8N_2S$）溶液或一定量的固定在氯化钠（NaCl）上的 2 - 氯代 - 6 - 三氯甲基吡啶（TCMP）（Cl - $C_5H_3N - CCl_3$），使 TCMP 在稀释样品中浓度大约为 0.5mg/L。

恰当的稀释比应使培养后剩余溶解氧至少有 1mg/L 和消耗的溶解氧至少 2mg/L。

当难以确定恰当的稀释比时，可先测定水样的总有机碳（TOC）或重铬酸盐法化学需氧量（COD），根据 TOC 或 COD 估计 BOD 的可能值，再围绕预期的 BOD_5 值，做几种不同的稀释比，最后从所得测定的结果中先取合乎要求条件者。

3. 空白试验。

用接种稀释水进行平行空白实验测定。

4. 测定。

按采用的稀释比用虹吸管充满两个培养瓶至稍溢出。

将所有附着在瓶壁上的空气泡赶掉，盖上瓶盖，小心避免夹空气泡。

将瓶子分为二组，每组都含有一瓶选定稀释比的稀释水样和一瓶空白溶液。

放一组瓶于培养箱中，并在暗中放置 5 天。

在计时起点时，测量另一组瓶的稀释水样和空白溶液中的溶解氧浓度。

达到需要培养的 5 天时间时，测定培养箱中那组稀释水样和空白溶液的溶解浓度。

5. 验证试验。

为了检验接种稀释水、接种水和分析人员的技术，需进行验证试验。将 20ml 葡萄糖 - 谷氨酸标准溶液用接种稀释水稀释至 1000ml，并且按照步骤进行测定。得到的 BOD_5 应该在 180 ~ 230mg/L 之间，否则，应检查分析。

六、数据处理

1. 被测定溶液若满足以下条件，则能获得可靠的测定结果。

培养 5 天以后；

剩余 DO ≥ 1mg/L；

消耗 DO ≥ 2mg/L。

若不能满足以上条件、一般应舍掉该结果。

2. 五日生化需机量（BOD_5）以每升消耗氧的毫克数表示，由下式算出：

$$BOD_5 = \left[(c_1 - c_2) - \frac{V_t - V_e}{V_t}(c_3 - c_4) \right] \frac{V_t}{V_e}$$

式中：c_1——在初始计时一种试验水样的溶解氧浓度，mg/L；

c_2——培养 5 天时同一种水样的溶解氧浓度，mg/L；

c_3——在初始计时空白溶流的溶解机浓度，mg/L；

c_4——培养 5 天时空白济液的溶解氧浓度，mg/L；

V_e——制各该试验水样用去的样品体积，ml；

V_t——该试验水样的总体积，ml。

若有几种稀释比所得数据皆符合要求的条件，则几种稀释比所得结果皆有效，以其平均值表示检测结果。

七、注意事项

1. 测定生化需氧量的水样，采集时应充满并密封于瓶中。在 1℃ ~ 4℃ 下进行保存。一般应在 6 小时内进行分析。若需要远距离转运，在任何情况下，贮存时间不超过 24 小时。

2. 玻璃器皿应彻底洗净。先用洗涤剂浸泡清洗，然后用稀盐酸浸泡，最后依次用自来水、蒸馏水洗净。

3. 对某些地面水及大多数工业废水，因含较多的有机物，需要稀释后再培养测定，以降低其浓度和保证有充足的溶解氧。稀释的程度应使培养中所消耗的溶解氧大于 2mg/L，而剩余溶解氧在 1mg/L 以上。

4. 为了保证水样稀释后有足够的溶解氧，稀释水通常要通入空气进行曝气（或通入氧气），使稀释水中溶解氧接近饱和。稀释水中还应加入一定量的无机营养盐验和缓冲物质（磷酸盐、钙、镁和铁盐等），以保证微生物生长的需要。

5. 对于不含或含少量微生物的工业废水，其中包括酸性废水、碱性废水、高温废水或经过氯化处理的废水，在测定 BOD_5 时应进行接种，以引入能分解废水中有机物的微生物。当废水中存在着难以被一般生活污水中的微生物以正常速度降解的有机物或含有剧毒物质时，应将驯化后的微生物引入水样中进行接种。

6. 在两个或三个稀释比的样品中，凡消耗溶解氧大于 2mg/L 和剩余溶解氧大于 1mg/L 时，计算结果时，应取其平均值。若剩余的溶解氧小于 1mg/L，甚至为零时，应加大稀释比。溶解氧消耗量小于 2mg/L，有两种可能：一种可能是稀释倍数过大；另一种可能是微生物菌种不适应，活性差，或含毒物质浓度过大。这时可能出现在几个稀释比中，稀释倍数大的消耗溶解氧反而较多的现象。

7. 水样稀释倍数超过 100 倍时，应预先在容量瓶中用水初步稀释后，再取适量进行最后稀释培养。

八、思考题

1. 为什么要测定水样中的生化需氧量？
2. 某些水样在测定生化需氧量时需要接种稀释，为什么？
3. 水样中的氧气过多或过少应如何处理？为什么？

第五章　土壤环境监测

第一节　土壤含水量与土壤水分常数测定

■ 一、实验目的

水分是天然土壤的一个组成部分。它是一切植物赖以生存的基本条件，也影响着土壤的物理性质，制约着土壤中养分的溶解、转移和微生物活动，是构成土壤肥力的一个重要因素。

实验的目的是了解土壤水分的测定方法，并测定土壤水分常数。

土壤水分含量会随着蒸发和渗入等过程而发生显著变化。因此在研究土壤水分时，首先关注的是土壤水分含量。其表达方式有重量含水量（$W_水/W_土$）、体积含水量（$V_水/V_土$）和土层中以水分厚度表示的含水量（mm）。其测定方法也很多，有取样测定和定位测定（或监测）。取样测定以供干法最为常用。定位测定（或监测）常见的有张力计法、电容法、时域反射仪法（TDR）、频域反射仪法（FDR）、中子仪法和δ射线法等。另外，还有遥感测量土壤水分的方法等。在确定了土壤容重等基本参数后，这些含水量值可以相互转换。

土壤水分在其整个量变过程中，其依存状态、性质与移动性的差别表现在湿度的若干个转折点，在同一个土壤上，这些数值比较稳定，被称为土壤水分常数，主要包括饱和含水量、田间持水量、凋萎系数和最大吸湿量等。土壤饱和含水量是指土壤孔隙全部充满水时的含水量，它代表土壤最大的容水能力。土壤田间持水量是指地下水位较深时，土壤所能保持的最大含水量。土壤毛管支持水量是指土壤颗粒间的微小孔隙中，受毛管力作用所能保持的水量。最大吸湿量（或称吸湿系数）是指风干土样在空气湿度接近饱和时，所吸附的水汽量。

这四者均是重要的土壤水分性质参数，是反映土壤供排水能力及孔隙状况的重要指标，与土壤保水、供水有着密切的关系。其中，田间持水量是表征田间土壤持水能力的指标，也是计算土壤灌溉量的指标，饱和含水量 – 田间持水量 = 出水率。根据饱和含水量和毛管支持水量可换算土壤的毛管孔隙度和通气孔隙度（或非毛管孔隙度）。而土壤最大吸湿量的 1.25 ~ 2.00 倍，大约相当于凋萎系数。

 二、土壤饱和含水量的测定

（一）实验原理

土壤饱和含水量的测定常用环刀法，使环刀中的土壤孔隙全部充满水，测定土壤含水量的变化。也有人建议采用土壤总孔隙度来代替土壤饱和含水量，但由于土壤中有封闭空隙，易导致结果比实际偏高。

（二）实验仪器

1. 环刀：容积 $100cm^3$。
2. 天平：感量 $0.1g$ 或 $0.01g$。
3. 其他：烘箱、铝盒、干燥器、滤纸、瓷盘等。

（三）实验步骤

1. 用环刀在野外取原状土，每层 2 ~ 3 个重复。同时，用铝盒取土 15 ~ 20g，测定土壤含水量。
2. 将环刀底盖（有孔盖）垫上滤纸与顶盖先后盖上环刀，将环刀放入水中，保持水面与环刀上口平齐，但切勿使水淹没环刀的顶端，以免造成孔隙封闭，影响结果。
3. 水分通过底盖小孔和滤纸沿土壤孔隙上升，浸泡 4 ~ 12 小时。
4. 到预定时间将环刀取出，用干布（或滤纸）将环刀外部擦干，放到已知重量的器皿中，称重，精确到 0.1g。必要时，称毕将环刀放回原处吸水 2 ~ 4 小时，再次称重，直至恒重为止。

（四）数据处理

土壤含水量（%）：

$$\theta_1 = \frac{(M_w - M_d)}{(M_d - M_b)} \times 100$$

其中，θ_1 为土壤含水量（%），M_w 为湿土重（g），M_d 为干土重（g），M_b 为铝盒重（g）。

环刀内干土重（g）：

$$M_{hd} = \frac{100}{(100 + \theta_1)} M_{hw}$$

其中，θ_1 为土壤含水量（%），M_{hd} 为环刀内干土重（g），M_{hw} 为环刀内湿土重（g）。

饱和含水量（%）：

$$\theta_2 = \frac{M_{ha} - M_{hd}}{M_{hd}} \times 100$$

其中，θ_2 为土壤饱和含水量（%），M_{hd} 为环刀内干土重（g），M_{ha} 为吸水饱和后的环刀内湿土重（g）。

三、土壤毛管支持水量测定

（一）实验原理

土壤毛管力所保持的水，使用环刀采集原土样，使其下部受到水浸润，水分沿毛管孔隙上升达到恒重，测量原状土的含水量。

（二）实验仪器

1. 环刀，容积 $100cm^3$。
2. 天平，感量 0.1g 或 0.01g。
3. 其他：烘箱、铝盒、干燥器、滤纸、瓷盘等。

（三）实验步骤

1. 与测饱和含水量要求相同。
2. 将环刀底盖（有孔盖）垫上滤纸与顶盖先后盖上环刀，将环刀放入盛有 2~3mm 水层的瓷盘中，让土壤吸水，注意要向瓷盘内持续供水，防止水被吸干。
3. 水分通过底盖小孔和滤纸沿土壤孔隙上升，浸泡 4~12 小时。
4. 到预定时间，将环刀取出，用干布（或滤纸）将环刀外部擦干，略微控水，放到器皿中，称重，精确到 0.1g。必要时，称毕将环刀放回原处吸水 2~4 小时，再次称重，直至恒重为止。

（四）数据处理

同饱和含水量的计算方法。
土壤毛管孔隙度和通气孔隙度的计算：

土壤毛管孔隙度(%) = 土壤毛管持水量(%) × 土壤容重
土壤通气孔隙度(%) = 土壤总孔隙度(%) − 土壤毛管孔隙度(%)

四、土壤最大吸湿量的测定

（一）实验原理

饱和 K_2SO_4 溶液在密闭条件下可使空气相对湿度达 98%~99%，风干土样在此相对湿度下达最大吸湿量。

（二）实验仪器和试剂

1. 铝盒（或称量皿），容积 50 ~ 100ml。

2. 小烧杯，100ml。

3. 干燥器（底都不放干燥剂），容积 100ml，口径 20cm 左右。

4. 天平，感量 0.01g，量程 100g 以上。

5. 饱和 K_2SO_4 溶液：称取 100g K_2SO_4 溶于 1L 蒸馏水中，溶液应见白色未溶的 K_2SO_4 晶体，否则要适当增加 K_2SO_4 的量。

6. 3.3% H_2SO_4 溶液：用移量管量取 18ml 浓硫酸，缓缓加入 600ml 水中，冷却后定容至 1L。

（三）实验步骤

1. 称取通过 2mm 筛孔的风干土样 5 ~ 20g（黏土和有机质多的土壤 5 ~ 10g，壤土 10 ~ 15g，砂土 15 ~ 20g），平铺于已称重的铝盒（或称量皿）底部。

2. 将铝盒放入干燥器中的有孔磁板上，另用小烧杯盛饱和 K_2SO_4 溶液，按每克土大约 2ml 计算，同样放入干燥器内。

3. 将干燥器放在 20℃恒温的地方，让土壤吸湿。

4. 土壤吸湿 1 周左右，取出称重，再将其放入干燥器内使之继续吸水，以后每隔 2 ~ 3 天称量一次，直至土样达到恒重（前后两次重量之差不超过 0.005g），计算时取其大者。

5. 达到恒重的土样置于 105℃ ~ 110℃烘箱内烘至恒重，按计算土壤含水量的方法计算出土壤最大吸湿量。

五、土壤田间持水量室内测定方法

（一）实验原理

降雨或灌溉带来很大的水量后，就不断向地下渗漏，在一定时间（24 ~ 48 小时）后，土层内就达到一定的平衡，此时土层的含水量就称田间持水量，但田间测定持水量的时间较长，而工作量也较大。故实验使用室内方法测定。

（二）实验仪器

1. 环刀 2 个/组，容积 100cm³。

2. 天平，感量 0.1g 或 0.01g，量程 500g 以上。

3. 其他：不透水胶布、烘箱、铝盒、干燥器、滤纸、平底水盆（高度大于 5cm）等。

（三）实验步骤

1. 按测饱和含水量的实验方法，将环刀放入平底水盆，逐渐缓缓加水到接近环刀上缘，但不要淹没环刀，并浸泡 8 小时以上，使得环刀内土样含水量达到饱和。

2. 同时，在相同上层采土、风干、通过 1mm 孔径网筛，装入环刀中，装土时要轻拍击实，并且稍微装满些。

3. 将装有水分饱和土壤的环刀底盖打开，连同滤纸一起放在装满风干土的环刀上，使其紧密接触，使用不透水胶布在结合处缠紧、密封（用 3 块实验用砖头压紧，以达到土壤紧密接触的目的）。

4. 经过 8 小时平衡后，从环刀内取出 15～20g 原状土，测定土壤含水量，此含水量值接近于该土壤的田间持水量。

（四）数据处理

$$土壤含水量（\%）=（M_w-M_d）÷（M_d-M_b）×100\%$$

其中，M_w 为湿土重（g），M_d 为干土重（g），M_b 为铝盒重（g）。

六、思考题

1. 测定最大吸湿量时，为什么让土壤在特定的温度（20℃）和相对湿度 98% 条件下吸湿？

2. 测定田间持水量和毛管持水量的方法有何不同？二者反应，土壤水分状况上有何重要意义？

第二节　土壤颗粒分析

一、实验目的

本实验目的是通过沉降法分析土壤颗粒组成。粒径分析目前最为常用的方法为吸管法。吸管法操作虽然比较烦琐，但较精确，比重计速测法操作较简单，但精度略差，而比重计法计算则比较麻烦。

二、实验原理

无论是吸管法还是比重计法，土粒的粒径分析大致分为分散、筛分和沉降 3 个步骤。

（一）土粒分散

田间或自然土壤，除少数风沙土和碱土外，绝大部分或全部都是相互团聚成粒径不同的团粒，微团粒是粘粒直接凝聚而成，粗团粒则要由腐殖质和某些情况下土壤的石灰物质、游离铁的作用胶结而成。在中性土壤中主要是交换性 Ca^{2+} 起作用，在酸性土壤中还有交换性 Al^{3+} 的作用，土壤溶液中盐类溶质浓度高也促进粘粒团聚。因此传统的分散处理包括用 H_2O_2—HCl 处理和添加含 Na^+ 的化合物作为分散剂。H_2O_2 的作用是为了破坏有机质，稀 HCl 的作用是为了溶解游离的 $CaCO_3$ 和其他胶结剂，并用 H^+ 代换有凝聚作用的 Ca^{2+}、Al^{3+} 等和淋洗土壤溶液中的溶质。交换性 H^+ 也有凝聚作用，必须用分散粘粒的 Na^+ 代换之，所用 Na^+ 的数量不能超过土壤的交换量。

（二）粗土粒的筛分

粒径大于 2mm 的粗土粒，用孔径粗细不同的筛，相继筛分。常规粒径分析应该只对 >0.25mm 的土粒进行筛分，但由于 >0.1mm 的颗粒在水中沉降速度太快，用吸管吸取悬液常常得不到好的结果，因此筛分范围可放宽到此到 0.1mm，即对 >0.1mm 的土粒进行筛分。

（三）细土粒的沉降分离

吸管法沉降分离原理：筛分的细土粒（<0.1mm）依据司笃克斯（G. G. Stokes）定律，按土粒在水中沉降的快慢区分为不同粒径的土粒，颗粒在真空中沉降不受任何重力作用而呈现自由落体运动。在水中沉降除重力作用外还受与重力方向相反的摩擦力作用，斯托克斯（G. G. Stokes，1851）指出，摩擦力 Fr 应等于：

$$Fr = 3\pi\eta dv$$

式中：η——水的粘滞系数，$g/cm \cdot s$；

        d——颗粒直径，cm；

        v——颗粒沉降速度，cm/s。

颗粒开始沉降，沉降速度随时间增大，摩擦力 Fr 也随之增加，当颗粒所受摩擦力与所受重力在数量上相等时，这时沉降速度不再增加，颗粒以均速沉降，这时的沉降速度称为终端速度，颗粒所受重力 Fg 可由下式计算：

$$Fg = 1/6\pi d^3(\rho s - \rho f)g$$

式中：$1/6\pi d^3$——球体颗粒的体积；

        ρs——颗粒密度，g/cm^3；

        ρf——流体的密度，g/cm^3；

        g——重力加速度。

当 Fr = Fg 时可得：

$$vt = \frac{d^2(\rho s - \rho f)g}{18\eta}$$

式中：vt——终端速度，cm/s；

　　　d——颗粒直径，cm。

假定沉降速度几乎在终端过程一开始立即达到，则可计算一定直径颗粒沉降到深度 L（cm）所需时间：

$$t = \frac{L}{vt}$$

例：求在20℃时，直径 d = 0.05mm 的土壤颗粒，在水中沉降25cm所需的时间 t。

设：土粒比重 $\rho s = 2.65 g/cm^3$，代入上式 ρs；水的比重 $\rho f = 0.99823 g/cm^3$，代入上式 ρf；重力加速度 $g = 981 cm/s^2$；水的粘滞系数 $\eta = 0.01005 g/cm \cdot s$（见表5-1）；代入上式，得 t = 112 秒 = 1分52秒。

表5-1 水的粘滞系数（η）

温度（℃）	η（g/cm·s）	温度（℃）	η（g/cm·s）	温度（℃）	η（g/cm·s）
4	0.01567	13	0.01203	22	0.009579
5	0.01519	14	0.01171	23	0.009358
6	0.01473	15	0.01140	24	0.009143
7	0.01428	16	0.01111	25	0.008937
8	0.01386	17	0.01083	26	0.008737
9	0.01346	18	0.01056	27	0.008545
10	0.01308	19	0.01030	28	0.008360
11	0.01271	20	0.01005	29	0.008180
12	0.01236	21	0.00981	30	0.008007

 三、仪器设备与试剂

1. 0～5000 转离心机（带 250ml 离心杯）。

2. 100ml 烧杯。

3. Φ12cm 的蒸发皿。

4. 250ml 三角瓶。

5. 胶头玻璃棒。

6. 0.25mm 孔径、直径 10cm 的标准筛。

7. 特制吸管（带吸耳球）。

8. 1000ml 沉降筒。

9. 专用的带孔搅拌子。

10. 秒表。

四、试剂

1. 氢氧化钠溶液［$c(NaOH)=0.5mol \cdot L^{-1}$］：20g 氢氧化钠（NaOH，化学纯）溶于水，稀释至 1L（用于酸性土壤）。

2. 草酸钠溶液［$c(1/2)Na_2C_2O_4$］$=0.5mol \cdot L^{-1}$：35.5g 草酸钠（$Na_2C_2O_4$，化学纯）溶于水，稀释至 1L（用于中性土壤）。

3. 六偏磷酸钠溶液 {$c=0.5mol \cdot L^{-1}$} $=51g$ 六偏磷酸钠［$1/6(NaPO_3)_6$，化学纯］溶于水，稀释至 1L（用于碱性土壤）。

4. 10% 盐酸溶液：10ml 浓盐酸稀释至 100ml。

5. 6% 过氧化氢溶液：200ml 过氧化氢溶液稀释至 1L。

6. 异戊醇［$(CH_3)_2CHCH_2CH_2OH$，化学纯］。

五、实验操作

1. 吸湿水含量的测定：称取 3 份过 2mm 筛的 50.00g 左右的风干土样，记录其各自重量，精确到 0.01g。其中 1 份（重量为 m_1）放入 105℃～110℃ 的烘箱烘至恒重（至少 6 小时以上），得到烘干土样重 m_2。计算土样吸湿水含量。将另两份称重（m'，作为洗矢量的土样重量），分别记录重量，根据测得的含水量折算得到烘干土重。

2. 去除 $CaCO_3$：将 2 份土样放入离心杯，小心加入 $0.2mol \cdot L^{-1}$ HCl 溶液于土样中，直至无气泡发生。如样品 $CaCO_3$ 含量高，可适当加大 HCl 浓度。平衡离心管（含土和液）的重量，在 2000 转/分的速度下，离心 2 分钟；倒掉上清液，加纯水 30ml（如 $CaCO_3$ 含量高，需再加 HCl），搅动土壤，充分混合，平衡重量，在 2000 转/分的速度下，离心 2 分钟；重复 2～5 次，待上清液混浊，Ca^{2+} 和 Cl^- 和基本除尽，即可停止，以免土壤胶体损失，影响分析结果。

3. 去除有机质，对有机质含量较高的土样，应去除有机质。将 2 份土样分别放入 250ml 的高型烧杯（或三角瓶）中，加少量蒸馏水使土样湿润。然后加入过氧化氢（试剂 5）20ml，用玻璃棒搅拌，使有机质充分与过氧化氢接触反应，如有机质过多，需反复处理。反应过程中会产生大量气泡，为防止样品溢出可加异戊醇（试剂 6）消泡。过量的过氧化氢用加热方法去除。静置澄清，倒掉上清液。

取一份上述处理过的样品于过滤，连同滤纸（已知重量）放入已知重量的容器再放入烘箱，在 105℃～110℃ 下烘至恒重。求得去除 $CaCO_3$ 和有机质的烘干土样重 m_3，其与其烘干土重 m_2'（其土样重量和含水量，根据计算获得）的差值是为洗矢量。

4. 分散：同时，将去除有机质和 $CaCO_3$ 后的另 1 份样品全部转移到 500ml 三角瓶中，根据土壤的酸碱度，每 10g 样品，酸性土壤可加氢氧化钠（NaOH）溶液 10ml，中性土壤可加草酸钠（$Na_2C_2O_4$）溶液 10ml，碱性土壤可加六偏磷酸钠（($NaPO_3)_6$）溶液 10ml，浸泡过夜，然后加纯水至 250ml，盖上小漏斗，将悬液在电热板上煮沸，在沸腾前应经常摇动三角瓶，以防止土粒结底，保持沸腾 1 小时。煮沸时特别要注意用异戊醇消泡，以免溢出。

5. 转移：分散好的样品转移到 1000ml 的沉降筒中。转移前，沉降筒上置一直径 12cm 左右的漏斗，上面再放一直径 10cm，孔径 0.25mm 不锈钢标准筛，将分散好的土样全部过筛，并用橡皮头玻棒轻轻地将土粒洗擦，用蒸馏水多次冲洗标准筛，确认小于 0.25mm 直径的土壤颗粒全部转移到沉降筒中，但需特别注意冲洗到沉降筒的水量不能超过 1000ml。然后加蒸馏水到沉降筒中定容 1000ml 备用。然后另放置一个盛满纯水的大 1000ml 大量筒，以备在不测定时放置比重计。

在小于 0.25mm 孔径的土样颗粒全部转移到沉降筒后，将标准筛上的土粒转移到蒸发皿中，倾去清水，在电热板上蒸干，放入 105℃～110℃ 烘箱中烘至恒重，称量计算 2～0.25mm 土粒含量 m_4。

6. 细土粒的沉降分析：测量实验室当时的水温，按水温计算 0.05mm、0.002mm 土粒沉降至 10cm 处所需的时间。用搅拌棒搅拌悬液 1 分钟，搅拌悬液时上下速度要均匀，一般速度为上下各 30 次。搅拌棒向下时一定要触及沉降筒底部，使全部土粒都能悬浮。搅拌棒向上时，有孔片不能露出液面。沉降时间计算以搅拌结束为起始时间。

分别吸取 <0.05mm 颗粒和 <0.002mm 颗粒于吸管中，悬液全部移入已知重量（精确到 0.0001g）的 100ml 小烧杯内。然后将小烧杯内的悬液在电热板上蒸干（特别小心防止悬液溅出）再移至 105℃～110℃ 烘箱中烘至恒重，称量（感量 0.0001g）<0.05mm 颗粒和 <0.002mm 颗粒的重量 m_5 和 m_6 并计算各粒级的百分比。

用吸管吸取悬液操作，事先应反复练习，以避免实际操作时的失误，同时要校正吸管的体积。吸液时，应在吸取悬液前 15 秒左右的时间将吸管放入沉降筒规定的深度。

注意：一次吸液结束后，需加水补充到 1000ml，再次吸液需重新搅拌重新计时。

六、数据处理

计算各粒级含量时，一般以烘干土为计算基础，但对有机质，碳酸盐含量较高的土壤，可用经盐酸、双氧水处理过的烘干土为计算基础，其吸湿量不包括在各级颗粒含量之内，另列一项供参考。

1. 吸湿水含量、洗矢量和烘干土重计算方法同比重计法

2. 2～0.25mm 颗粒含量计算方法同比重计法

3. $0.05～0.002mm$ 颗粒含量 $= \dfrac{(m_5 - m_6) \times ts}{试样烘干土重量} \times 100$

4. $<0.002mm$ 颗粒含量 $= \dfrac{(m_6 - m_7) \times ts}{试样烘干土重量} \times 100$

5. $0.25～0.05mm$ 颗粒含量% $= 100\% - [(2) + (3) + (4) + (5)]\%$

式中：m_5——<0.02mm 颗粒与分散剂质量，g；

m_6——<0.002mm 颗粒与分散剂质量，g；

m_7——分散剂质量，g；

ts——分取倍数。

七、思考题

1. 为什么分散剂都用钠离子溶液？
2. 为什么用于研磨土样的玻璃棒要带橡皮头？
3. 土粒悬液搅拌前为什么要测量温度？沉降期间为什么不能搬动沉降筒？

第三节　土壤呼吸测定

一、实验目的

土壤空气的变化过程主要是氧的消耗和二氧化碳的累积。土壤空气中二氧化碳浓度大，对作物根系是不利的，若排出二氧化碳，不仅可消除其不利影响，而且可促进作物光合作用。因此，反映土壤排出二氧化碳能力的土壤呼吸强度是一个重要的土壤性质。

土壤中的生物活动，包括根系呼吸及微生物活动，是产生二氧化碳的主要来源，因此测定土壤呼吸强度还可反映土壤中生物活性，作为土壤肥力的一项指标。

二、实验原理

土壤呼吸放出的 CO_2，用 $NaOH$ 吸收生成 Na_2CO_3：

$$2NaOH + CO_2 = Na_2CO_3 + H_2O \tag{1}$$

先用酚酞作指示剂，用 HCl 滴定，中和剩余的 $NaOH$，并使式（1）生成的 Na_2CO_3 转变为 $NaHCO_3$：

$$NaOH + HCl = NaCl + H_2O \tag{2}$$

$$Na_2CO_3 + HCl = NaHCO_3 + NaCl \tag{3}$$

再用甲基橙作指示剂，用 HCl 滴定，这时所有的 $NaHCO_3$ 均变为 $NaCl$：

$$NaHCO_3 + HCl = NaCl + H_2O + CO_2 \tag{4}$$

从式（3）、式（4）可见，用甲基橙作指示剂时所消耗 HCl 量的 2 倍，即为中和的 Na_2CO_3 的用量，从而可计算出吸收 CO_2 的数量。

三、主要仪器设备

1. 小型干燥器（不放干燥剂）1个。
2. 150ml（或100ml）小烧杯2个。
3. 酸式滴定管1支。
4. 250ml 容量瓶1个。
5. 150ml 锥形瓶1个。

 ### 四、分析试剂

1. $2mol \cdot L^{-1}$ NaOH 溶液：称取 80g NaOH 放入 1L 烧杯中，加去离子水 600ml 溶解，冷却后，稀释定容至 1L。
2. $0.05mol \cdot L^{-1}$ HCl 溶液：吸取 $1mol \cdot L^{-1}$ HCl 50ml 稀释定容至 1L。
3. 1.0% 酚酞（溶于酒精）指示剂。
4. 0.5% 甲基橙指示剂。

 ### 五、实验步骤

1. 称取相当于干土重 20g 的新鲜土样，置于 150ml（或100ml）烧杯或铝盒中（也可用原状土）。
2. 准确吸取 $2mol \cdot L^{-1}$ NaOH 10ml 于另一 150ml（或100ml）烧杯中。
3. 将两只烧杯同时放入无干燥剂的干燥器中，加盖密闭，放置 1~2 天。
4. 取出盛 NaOH 的烧杯，洗入 250ml 容量瓶中，稀释至刻度。
5. 吸取稀释液 10ml，放入 150ml 锥形瓶，加酚酞指示剂 1 滴，用标准 $0.05mol \cdot L^{-1}$ HCl（或 H_2SO_4）滴定至无色，再加甲基橙 1 滴，继续用 $0.05mol \cdot L^{-1}$ HCl 滴定至溶液由橙黄色变为橘红色，记录后者所用 HCl 的毫升数（或用溴酚蓝代替甲基橙，滴定颜色由蓝变黄）。
6. 再在另一干燥器中，只放 NaOH，不放土壤，用同法测定，作为空白。

 ### 六、数据处理

250ml 溶液中 CO_2 的重量（W_1）：

$$W_1 = (V_1 - V_2) \times \frac{44}{2 \times 1000} \times \frac{250}{10}$$

式中：V_1——供试济液用甲基橙作指示剂时所用 HCl 毫升数的 2 倍；

V_2——空白试验济液用甲基橙作指示剂时所用 HCl 毫升数的 2 倍；

$\dfrac{44}{2 \times 1000}$——$CO_2$ 的毫摩尔当量质量；

$\dfrac{250}{10}$——分取倍数。

再换算为土壤呼吸强度（CO_2 毫克/克干土，小时）。

$$CO_2\ 毫克/克干土，小时 = W_1 \times 1000 \times 1/m \times 1/t$$

式中：m——试验所用土壤的克数；

t——试验所经历的时间（小时）。

 七、思考题

1. 吸收 CO_2 的 NaOH 溶液为什么必须准确吸取？

2. 用标准 HCl 滴定剩余的 NaOH 时，用酚酞作指示剂，为什么要求准确滴定？

第四节　土壤有机质测定

 一、实验目的

　　土壤有机质是土壤中各种营养元素特别是氮、磷的重要来源。它还含有刺激植物生长的胡敏酸类等物质。由于它具有胶体特性，能吸附较多的阳离子，因而使土壤具有保肥力和缓冲性。它还能使土壤疏松和形成结构，从而可改善土壤的物理性状。它也是土壤微生物必不可少的碳源和能源。一般来说，土壤有机质含量的多少，是土壤肥力高低的一个重要指标。

 二、实验原理

　　用定量的重铬酸钾–硫酸溶液，在电砂浴加热条件下，使土壤中的有机碳氧化，剩余的重铬酸钾用硫酸亚铁标准溶液滴定，并以二氧化硅为添加物作试剂空白标定，根据氧化前后氧化剂质量差值，计算出有机碳量，再乘以系数 1.724，即为土壤有机质含量。

三、实验仪器

1. 分析天平：感量 0.0001g。

2. 电砂浴。

3. 磨口三角瓶：150ml。

4. 磨口简易空气冷凝管：直径0.9cm，长19cm。

5. 定时钟。

6. 自动调零滴定管：10.00、25.00ml。

7. 小型日光滴定台。

8. 温度计：200℃~300℃。

9. 铜丝筛：孔径0.25mm。

10. 瓷研钵。

四、实验试剂

除特别注明者外，所用试剂皆为分析纯。

1. 重铬酸钾。

2. 硫酸。

3. 硫酸亚铁。

4. 硫酸银：研成粉末。

5. 二氧化硅：粉末状。

6. 邻菲罗啉指示剂：称取邻菲罗啉1.490g溶于含有0.700g硫酸亚铁（4.3）的100ml水溶液中。此指示剂易变质，应密闭保存于棕色瓶中备用。

7. 0.4mol/L重铬酸钾－硫酸溶液：称取重铬酸钾（4.1）39.23g，溶于600~800ml蒸馏水中，待完全溶解后加水稀释至1L，将溶液移入3L大烧杯中；另取1L比重为1.84的浓硫酸，慢慢地倒入重铬酸钾水溶液内，不断搅动，为避免溶液急剧升温，每加约100ml硫酸后稍停片刻，并把大烧杯放在盛有冷水的盆内冷却，待溶液的温度降到不烫手时再加另一份硫酸，直到全部加完为止。

8. 重铬酸钾标准溶液：称取经130℃烘1.5小时的优级纯重铬酸钾9.807g，先用少量水溶解，然后移入1L容量瓶内，加水定容。此溶液浓度$c(1/6K_2Cr_2O_7) = 0.2000mol/L$。

9. 硫酸亚铁标准溶液：称取硫酸亚铁56g，溶于600~800ml水中，加浓硫酸20ml，搅拌均匀，加水定容至1L（必要时过滤），贮于棕色瓶中保存。此溶液易受空气氧化，使用时必须每天标定一次准确浓度。

硫酸亚铁标准溶液的标定方法如下：

吸取重铬酸钾标准溶液20ml，放入150ml三角瓶中，加浓硫酸3ml和邻菲罗啉指示剂3~5滴，用硫酸亚铁溶液滴定，根据硫酸亚铁溶液的消耗量，计算硫酸亚铁标准溶液浓度c_2。

$$c_2 = \frac{c_1 \times v_1}{v_2}$$

式中：c_2——硫酸亚铁标准溶液的浓度，mol/L；

　　　c_1——重铬酸钾标准溶液的浓度，mol/L；

　　　v_1——吸取的重铬酸钾标准溶液的体积，ml；

　　　v_2——滴定时消耗硫酸亚铁溶液的体积，ml。

五、实验步骤

1. 按表 5 – 2 中有机质含量的规定称取制备好的风干试样 0.05 ~ 0.5g，精确到 0.0001g。置入 150ml 三角瓶中，加粉末状的硫酸银 0.1g，然后用自动调零滴定管，准确加入 0.4mol/L 重铬酸钾 – 硫酸溶液 10ml 摇匀。

2. 将盛有试样的三角瓶装一简易空气冷凝管（3.4），移置已预热到 200℃ ~ 230℃ 的电砂浴上加热。当简易空气冷凝管下端落下第一滴冷凝液，开始计时，消煮 5 ± 0.5min。

表 5 – 2 　　　　　　　　　　不同土壤有机质含量的称样量

有机质含量，%	试样质量，g
2 以下	0.4 ~ 0.5
2 ~ 7	0.2 ~ 0.3
7 ~ 10	0.1
10 ~ 15	0.05

3. 消煮完毕后，将三角瓶从电砂浴上取下，冷却片刻，用水冲洗冷凝管内壁及其底端外壁，使洗涤液流入原三角瓶，瓶内溶液的总体积应控制在 60 ~ 80ml 为宜，加 3 ~ 5 滴邻菲罗啉指示剂，用硫酸亚铁标准溶液滴定剩余的重铬酸钾。溶液的变色过程是先由橙黄变为蓝绿，再变为棕红，即达终点。如果试样滴定所用硫酸亚铁标准溶液的毫升数不到空白标定所耗硫酸亚铁标准溶液毫升数的 1/3 时，则应减少土壤称样量，重新测定。

4. 每批试样测定必须同时做 2 ~ 3 个空白标定。取 0.500g 粉末状二氧化硅代替试样，其他步骤与试样测定相同，取其平均值。

六、数据处理

土壤有机质含量 X（按烘干土计算），公式如下：

$$X = \frac{(V_0 - V)c_2 \times 0.003 \times 1.724 \times 100}{m}$$

式中：X——土壤有机质含量，%；

V_0——空白滴定时消耗硫酸亚铁标准溶液的体积，ml；

V——测定试样时消耗硫酸亚铁标准溶液的体积，ml；

c_2——硫酸亚铁标准溶液的浓度，mol/L；

0.003——1/4 碳原子的摩尔质量数，g/mol；

1.724——由有机碳换算为有机质的系数；

m——烘干试样质量，g。

平行测定的结果用算术平均值表示，保留三位有效数字。

允许差：当土壤有机质含量小于 1% 时，平行测定结果的相差不得超过 0.05%；含量为 1%～4% 时，不得超过 0.10%；含量为 4%～7% 时，不得超过 0.30%；含量在 10% 以上时，不得超过 0.50%。

七、注意事项

1. 含有机质高于 50g/kg 时，称土样 0.1g；含有机质为 20～30g/kg 时，称土样 0.3g；少于 20g/kg，称 0.5g 以上。由于称土样量少，称样时应用减重法以减少称样误差。

2. 土壤中氯化物的存在和长期渍水的土壤可使结果偏高。

3. 必须在试管内溶液表面开始沸腾才开始计算时间。掌握沸腾的标准尽量一致，然后继续消煮 5 分钟，消煮时间对分析结果有较大的影响，故应尽量计时准确。

4. 消煮好的溶液颜色，一般应是黄色或黄中稍带绿色，如果以绿色为主，则说明重铬酸钾用量不足。在滴定时消耗硫酸亚铁量小于空白用量的 1/3 时，有氧化不完全的可能，应弃去重做。

八、思考题

1. 消煮后的溶液如变成绿色，是什么原因？怎么办？

2. 为什么要做空白试验？

3. 滴定过程中溶液颜色由____经____至____为终点，为什么会有这样的变化？

第五节 土壤速效氮测定

一、实验目的

掌握土壤速效氮的原理和实验操作步骤。

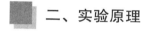 二、实验原理

土壤速效氮包括铵态氮和硝态氮。在扩散皿中，土壤在强碱性环境和硫酸亚铁存在条件下进行水解还原，使易水解态氮和硝态氮转化为氨气被酸溶液吸收，用标准酸滴定吸收液中的氨，根据标准的消耗量计算速效氮的含量。

三、实验仪器

1. 土壤筛：2mm 孔径筛。
2. 分析天平：感量为 0.08，0.0001g。
3. 扩散皿：外室外径 10cm，内室外径 4cm。
4. 移液管：5ml、10ml。
5. 半微量酸式滴定管：5ml。
6. 恒温箱：工作温度 40℃ ±1℃。

四、实验试剂和材料

本标准所用试剂在未注明规格时，均为分析纯试剂。用水应符合 CBT682 中三级水之规定。

1. NaOH 溶液，c(NaOH) = 1.8moL：称取氢氧化钠 72.0g，用水溶解后，冷却，稀释至 1L。

2. NaOH 溶液，c(NaOH) = 1.2moL：称取氢氧化钠 48.0g，用水稀释至 1L（适用于水稻土壤）。

3. 硼酸溶液，20g/L：称取硼酸 20.00g，用热水（约 60℃）溶解，冷却后稀释至 1L，最后用稀氢氧化钠调节 pH 至 4.5（用酸度计调节）。

4. 定氮混合指示剂：分别称取 0.066g 甲基红和 0.0998 溴甲酚绿于玛瑙研体中，加入少量 95% 乙醇，研磨至指示剂全部溶解后，加 95% 乙醇至 100ml。此液应用稀盐酸或稀氢氧化钠调节 pH 到 4.5（用酸度计调节）。

5. 特制胶水：40g 粉状阿拉伯胶溶于热至 70℃ 左右 50ml 水中，搅拌促溶，冷却后，加入 20ml 甘油和 20ml 饱和碳酸钾水溶液，搅匀，放冷，贮于玻璃瓶中备用（放置在盛有浓硫酸的干燥器中除去氨）。

6. 硫酸标准滴定溶液，C(1/2H₂SO₄) = 0.0100moL 或盐酸标准滴定溶液，c(HCl) = 0.0100mol/L。

7. 锌 - 硫酸亚铁粉：将 50g 硫酸亚铁磨细，通过 0.25mm 筛孔，与 100g 锌粉混匀，贮于棕色瓶中。

五、实验步骤

1. 称样。

称取通过 2mm 筛的风干样品 2.00g 和 1.0g 锌 – 硫酸亚铁粉剂，均匀铺在扩散皿外室内，水平地轻轻旋转扩散皿，使样品铺平（水稻土样品则不必加入锌 – 硫酸亚铁）。

2. 封皿。

在扩散皿内室中加入 3ml 硼酸溶液，并滴加 1 滴定氮混合指示剂，然后在皿的外室边缘涂上特制胶水、盖上毛玻璃，并旋转数次，以使毛玻璃与皿边完全黏合。

3. 加碱。

再慢慢转开毛玻璃的一边，使扩散皿露出一条狭缝，迅速加入 10ml［c.（NaOH）= 1.8mol/L NaOH］溶液于皿的外室中，立即用毛玻璃盖严（水稻土样品则加入 10ml［c.（NaOH）= 1.2mol/L NaOH］）。

4. 扩散。

水平地轻轻旋转扩散皿，使溶液与土填充分混匀，用橡皮筋固定，随后放入 40℃ ± 1℃ 的烘箱中，24h ± 0.5h 后取出。

5. 滴定。

用硫酸标准滴定溶液或盐酸标准滴定溶液滴定，内室吸收液由蓝绿色变为微红色，记录标准酸消耗量。

6. 对照。

在样品测定同时进行空白试验。

 六、数据处理

土壤速效氮含量以氮的质量分数 w 计，数值以（mg/kg）表示，按下式计算：

$$w = \frac{(V - V_0) \times C \times 14 \times 1000}{m}$$

式中：V——滴定样品消耗标准酸体积，ml；

V_0——滴定空白消耗标准酸体积，ml；

C——酸标准溶液浓度，mol/L；

m——风干样质量，g；

14——氮的摩尔质量，g/mol；

1000——每 g 换算成每 kg 质量。

 七、注意事项

1. 滴定时应用玻璃棒小心搅动内室溶液（切不可摇动扩散皿），同时逐滴加入酸标准溶液。接近终点时，用玻璃棒再滴定管尖端蘸取酸标准溶液后再搅拌内室，以防滴过终点。

2. 由于碱性胶液碱性很强，再涂胶液和恒温扩散时，必须特别细心，谨防污染内室。

3. 扩散皿使用前必须彻底清洗，先用小刷去除残余后冲洗，然后浸泡清洁剂及稀盐酸中，再用自来水冲洗，最后用蒸馏水润洗，晒干。

八、思考题

1. 滴定过程中溶液颜色由＿＿经＿＿至＿＿为终点，为什么会有这样的变化？
2. 速效氮测定的原理？

第六节 土壤速效钾测定

一、实验目的

1. 掌握土壤速效钾测定原理。
2. 掌握土壤速效钾测定方法。

二、实验原理

土壤速效钾以交换性钾为主，占 95% 以上，水溶性钾仅占极小部分。测定土壤交换性钾常用的浸提剂有 $1mol \cdot L^{-1}$ 醋酸铵（NH_4OAc）、$100g \cdot L^{-1}$ 的氯化钠（$NaCl$）、$1mol \cdot L^{-1}$ 的硫酸钠（Na_2SO_4）等。通常以 $1mol \cdot L^{-1}$ 的 NH_4OAc 作为土壤交换性钾的标准浸提剂，它能将土壤交换性钾和黏土矿物固定的钾截然分开。

土壤中不同形态钾之间存在一种动态平衡，由于不同阳离子对这种平衡的影响不一样，提取出来的钾量相差很大。有学者比较了 H^+、NH_4^+、Na^+ 三种阳离子对交换性钾的提取能力。认为 NH_4^+ 所浸提的交换钾量，不因淋洗次数的增加而增加。即 NH_4^+ 浸提出来的钾可以把交换性钾和黏土矿物固定的钾（非交换钾）截然分开。其他离子，如 Na^+、H^+ 则不能。它们在浸提过程中也能把一部分非交换性钾逐渐浸出来，而且浸提时间越长或浸提次数越多，浸出的非交换性钾也越多。为此，$1mol \cdot L^{-1}$ 的 NH_4OAc 是土壤交换性钾常采用的标准浸提剂。以醋酸铵为提取剂，铵离子将土壤胶体吸附的钾离子交换出来。提取液用火焰光度计直接测定。

三、仪器设备与试剂

1. 仪器设备与器材。

（1）仪器设备：HG－5 型火焰光度计，配套的样品杯（10ml 小烧杯）。

（2）器材：150ml 三角瓶，250ml 三角瓶，Φ5cm 漏斗，50ml 磨口具塞比色管，1ml 和 10ml 移量管（加液器），Φ15cm 的定量滤纸。

2. 试剂。

（1）1mol·L^{-1} 中性醋酸铵溶液：称取化学纯醋酸铵 77.09g，加纯水溶解定容至 1L，最后调节 pH 到 7.0。

（2）钾标准液：准确称取烘干（105℃烘 4~6 小时）的分析纯 KCl 1.9068g 溶于 1mol·L^{-1} 中性醋酸铵溶液中，使用 1mol·L^{-1} 中性醋酸铵溶液定容至 1L 即含钾为 1000mg·kg^{-1} 的钾标准液，由此溶液使用 1mol·L^{-1} 中性醋酸铵溶液稀释 10 倍，即为 100mg·kg^{-1} 的钾标准液。

（3）锂内标液，3mmol·L^{-1} 的氯化锂（LiCl）水溶液，一般有成品出售，也可自行配置，但应当注意在同批试样应使用相同浓度的锂内标液。注意固体的氯化钾易潮解。

四、实验步骤

1. 火焰光度计准备和使用。

（1）打开液化气管道，顺序是先打开总阀门，再打开连接在火焰光度计上的分阀门。开机，检查室气压力表是否为 0.06MPa，如果不是，应当旋转调解开关，调到 0.06MPa，此时会听到仪器"啪啪"的声音，如果超过 10 次点火不着，仪器会休眠数秒钟，继续点火。此时应当缓缓地适当开大"调节阀"，到仪器点着火为止。此时，显示屏会显示"8.88"，而不显示变化数值。

（2）然后，检查空气压缩机的废液排放处是否有水（因仪器使用虹吸法排出废液，因此，必须检查是否有水）。观察雾化室是否正常，废液排出是否通畅。

（3）仪器正常运行后，通过火焰观察窗，查看火焰颜色，此时火焰应当是淡蓝色的氧化性火焰（黄火焰表示液化气阀门太大，应适当调小），火焰稳定不跳动。

（4）在吸液针处，使用样品杯（10ml 小烧杯）放上纯水，清洗仪器管路。预热仪器待用。

（5）在测量完毕后，也需要使用纯水清洗管路。关闭仪器时，先关闭液化气罐总阀门，此时火焰熄火，然后关闭连接各台仪器的分阀门。

2. 称土—浸提。

称取通过 1mm 筛孔的风干土 5.00g 于干燥的 250ml 三角瓶中，加入 50ml mol·L^{-1}

中性醋酸铵溶液，塞紧橡皮塞，振荡 30 分钟用干的定量滤纸过滤到 150ml 的小三角瓶中。如无振荡机，可用手摇每隔 5 分钟振荡 1 次，每次 30 下，共 6 次。

3. 试液配置。

吸取滤液 1ml，放入样品杯，加入锂内标液 9ml，滤液即被稀释 10 倍。

4. 钾标准溶液的配置。

吸取 100mg・kg^{-1} 钾标准液 0ml、1ml、2ml、5ml、10ml、20ml 到 50ml 比色管中，加 1mol・L^{-1} 中性醋酸铵溶液，稀释成 0mg・kg^{-1}、2mg・kg^{-1}、4mg・kg^{-1}、10mg・kg^{-1}、20mg・kg^{-1}、40mg・kg^{-1}钾系列液（用 1mol・L^{-1}中性醋酸铵溶液稀释定容，是为了抵消醋酸铵的干扰）。吸取上述系列的标准液 1ml，放入样品杯，加入锂内标液（3mmol・L^{-1}氯化锂）9ml。滤液即被稀释 10 倍。

5. 测定。

将钾标准系列液在火焰光度计上测定光电流强度。首先使用 0 标准液调 0，然后使用 20mg・kg^{-1}标准液（稀释 10 倍后为 2mg・kg^{-1}）定标，定标结束要使用纯水清洗吸液针头，然后根据浓度大小，由小到大依次测定。最终以浓度为横坐标，光电流强度为纵坐标，绘制标准曲线。

将滤液使用同样的方法测定，得出光电流强度，实验同时需要做空白试验。根据试样测得的光电流强度，减去空白的测定值后，查标准曲线，得出滤液的钾浓度。

五、数据处理

（1）速效钾（mg・kg^{-1}）查得的 mg・kg^{-1}数 ×50/W。
（2）查得的 mg・kg^{-1}数从标准曲线 上查出相对应的 mg・kg^{-1}数。
（3）50——加入的浸提剂体积。
（4）W——土样烘干重（g）。

六、注意事项

加入醋酸铵溶液于土样后，不宜放置过久，否则可能会有部分矿物钾转入溶液中，使速效钾测定值偏高。

七、思考题

1. 用 1mol・L^{-1}的 NH$_4$OAc 浸提剂测出的钾是哪两种形态的钾？
2. 简述火焰光度法测定速效钾的基本原理。

第七节　土壤速效磷测定

 一、实验目的

土壤速效磷包括水溶性磷和弱酸溶性磷，其含量是判断土壤供磷能力的一项重要指标。测定土壤速效磷的含量，可为合理分配和施用磷肥提供理论依据。实验要求了解测定土壤速效磷的基本原理和测定方法。

 二、实验原理

本实验使用 $0.5mol/L$ NaHCO$_3$ 浸提 - 钼锑抗比色法测定。用 pH8.5 的 $0.5mol/L$ 的 NaHCO$_3$ 作浸提剂处理土壤，由于碳酸根的存在抑制了土壤中碳酸钙的溶解，降低了溶液中 Ca^{2+} 的浓度，相应地提高了磷酸钙的溶解度。由于浸提剂的 pH 较高，抑制了 Fe^{3+} 和 Al^{3+} 的活性，有利于磷酸铁和磷酸铝的提取。此外，溶液中存在着 OH^-、HCO_3^-、CO_3^{2-} 等阴离子，也有利于吸附态磷的置换。用 NaHCO$_3$ 作浸提剂提取的有效磷与作物吸收磷有良好的相关性，其适应范围也广泛。

浸出液中的磷，在一定的酸度下，用硫酸钼锑抗还原显色成磷钼蓝，蓝色的深浅在一定浓度范围内与磷的含量成正比，因此，可以用比色法测定其含量。

三、仪器设备与试剂

1. 仪器设备。
（1）分光光度计。
（2）震荡机。
（3）天平，0.01g。
（4）三角瓶，250ml。
（5）容量瓶，50ml。
（6）漏斗。
（7）无磷滤纸。
（8）移液管，10ml。
2. 试剂。
（1）$0.5mol/L$ 的 NaHCO$_3$（pH8.5）浸提液：称取化学纯 NaHCO$_3$42.0g 溶于 800ml 蒸馏水中，以 $4mol/L$ 的 NaOH 溶液调节 pH 至 8.5，然后稀释至 1000ml，保存在试剂瓶

中。如果贮存期超过 1 个月，再用时应重新调整 pH。

（2）无磷活性炭：将活性炭先用 1:1（V/V）的盐酸浸泡过夜，在布氏漏斗上抽滤，用蒸馏水冲洗多次至无 Cl^{-1} 为止，在用 0.5mol/L $NaHCO_3$ 溶液浸泡过夜，在布氏漏斗上抽滤，用蒸馏水洗尽 $NaHCO_3$，检查至无磷为止，烘干备用。

（3）7.5mol/L 硫酸钼锑抗贮存液：在 1000ml 烧杯中加入 400ml 蒸馏水，将烧杯浸在冷水中，然后缓慢注入 208.3ml 浓硫酸（分析纯），并不断搅拌，冷却至室温。另称取分析纯钼酸铵 20g 溶于 60℃的 150ml 蒸馏水中，冷却。再将硫酸溶液慢慢倒入钼酸铵溶液中，不停搅拌，最后加入 1000ml 的 0.5% 酒石酸锑钾溶液，用蒸馏水稀释至 1000ml，摇匀，贮存于棕色试剂瓶中，避光保存。

（4）钼锑抗混合显色剂：称取 1.50ml 抗坏血酸溶于 100ml 钼锑抗贮存液中，混匀。此试剂有效期为 24 小时，宜用前配制，随配随用。

（5）磷标准液：准确称取在 105℃烘箱中烘干 2 小时的分析纯 KH_2PO_4 0.2195g，溶于 400ml 蒸馏水中，加浓硫酸 5ml，转入 1000ml 容量瓶中，加蒸馏水定容至刻度，摇匀，此溶液为 50mg/L 磷标准液，此溶液不易久贮。

（6）磷标准曲线绘制：分别吸取 50mg/L 磷标准液 0、1、2、3、4、5（ml）于 50ml 的容量瓶中，各加入 0.5mol/L 的 $NaHCO_3$ 浸提液 1ml 和钼锑抗显色剂 5ml，除尽气泡后定容，充分摇匀，即为 0、0.1、0.2、0.3、0.4、0.5（mol/L）的磷的系列标准液。30 分钟后与待测液同时进行比色，读取吸光度值。在方格坐标纸上以吸光度值为纵坐标，磷 mol/L 为横坐标便绘制成磷标准曲线。

四、操作步骤

1. 待测液的制备：称取通过 1mm 筛孔的风干土样 5.00g 置于 250ml 三角瓶中，加入一小勺无磷活性炭和 0.5mol/L $NaHCO_3$ 浸提液 100ml，塞紧瓶塞，在震荡机上震荡 30 分钟，取出后立即用干燥漏斗和无磷滤纸过滤，滤液用另一只三角瓶盛接。同时作空白试验。

2. 测定：吸取滤液 10ml（对含 P_2O_5 1% 以下的样品吸取 10ml，含磷高的可改为 5ml 或 2ml，但必须用 0.5mol/L $NaHCO_3$ 补足至 10ml），于 50ml 容量瓶中，加钼锑抗混合显色剂 5ml，小心摇动。30 分钟后，在分光光度计上用波长 660nm 比色，以空白液的吸收值为 0，读取待测的吸光度值。

五、数据处理

$$土壤速效磷(ml/L) = \frac{待测液(mg/kg) \times 待测液体积 \times 分取倍数}{烘干土重(mg/kg)}$$

式中：待测液 mg/L——从标准曲线上查得待测液浓度；

待测液体积——50ml；

分取倍数——浸提液总体积（ml）为吸取浸出液体积（ml）的倍数（100/10）；

烘干土重——风干土重乘以水分系数。

六、注意事项

1. 钼锑抗混合显色剂的加入量要准确。

2. 加入混合显色剂后，即产生大量的 CO_2 气体，由于容量瓶口小，CO_2 气体不易逸出，在混匀的过程中易造成试液外溢，造成测定误差，因此必须小心慢慢加入，同时充分摇动排出，CO_2 的存在影响比色结果。

3. 活性炭一定要洗至无 Cl^{-1} 反应，否则不能使用。

4. 此法温度影响很大，一般测定应在 20℃ ~25℃ 的温度下进行。如温室低于 20℃，可将容量瓶防放在 30℃ ~40℃ 的热水中保温 20 分钟，取出冷却后进行比色。

七、思考题

1. 为什么报告有效磷测定结果时，必须同时说明所用的测定方法？

2. 测定过程中，如要获得比较准确的结果，应注意哪些问题？

第八节　土壤铜、锌测定

一、实验目的

1. 掌握土壤样品布点、采样、运输及保存、前处理技术。

2. 掌握分光光度法测定重金属的测定方法。

二、实验原理

采用盐酸–硝酸–氢氟酸–高氯酸全分解的方法，彻底破坏土壤矿物晶格，使试样中的待测元素全部进入试液中。然后，将土壤消解液喷入空气–乙炔火焰中。在火焰的高温下，铜、锌化合物离解为基态原子，该基态原子蒸气对相应的空心阴灯发射的特征谱线产生选择性吸收。在选择的最佳测定条件下，测定铜、锌的吸光度。

三、试剂和材料

本标准所用试剂除非另有说明，分析时均适用符合国家标准的分析纯化学试剂，实验用水为新制备的去离子水或蒸馏水。

1. 盐酸（HCl）：$\rho = 1.19 \text{g/ml}$，优级纯。

2. 硝酸（HNO₃）：$\rho = 1.42 \text{g/ml}$，优级纯。

3. 硝酸溶液：$1 + 1$，用硝酸配置。

4. 硝酸溶液：体积分数为 0.2%，用硝酸配置。

5. 氢氟酸（HF）：$\rho = 1.49 \text{g/ml}$。

6. 高氯酸（HClO₄）：$\rho = 1.68 \text{g/ml}$，优级纯。

7. 硝酸镧（$La(NO_3)_3 \cdot 6H_2O$）水溶液，质量分数为 5%。

8. 铜标准储备液，1.000mg/ml：称取 1.0000g 光谱纯金属铜于 50ml 烧杯中，加入硝酸溶液（3）20ml，温热，待完全溶解后，转至 1000ml 容量瓶中，用水定容至标线，摇匀。

9. 锌标准储备液，1.000mg/ml：称取 1.0000g 光谱纯金属锌粒于 50ml 烧杯中，加入硝酸溶液（3）20ml，待完全溶解后，转至 1000ml 容量瓶中，用水定容至标线，摇匀。

10. 铜、锌混合标准使用液，铜 20mg/L，锌 10.0mg/L：用硝酸溶液（4）逐级稀释铜、锌标准储备液配置。

四、仪器

1. 一般实验室仪器和以下仪器。
2. 原子吸收分光光度计。
3. 铜空心阴极灯。
4. 锌空心阴极灯。
5. 乙炔钢瓶。
6. 空气压缩机。

五、分析步骤

1. 试液的制备。

准确称取 $0.2 \sim 0.5\text{g}$（精确至 0.0002g）试样于 50ml 聚四氟乙烯坩埚中，用水润湿后加入 10ml 盐酸，于通风橱内的电热板上低温加热，使样品初步分解，待蒸发至约剩 3ml 左右时，取下稍冷，然后加入 5ml 硝酸，5ml 氢氟酸，3ml 高氯酸，加盖后于电热板上中温加热。1 小时后，开盖，继续加热除硅，为了达到良好的效果，应经常摇动坩埚。当加热至冒浓厚白烟时，加盖，使黑色有机碳化物分解。待坩埚壁上的黑色有机物消失后，开盖驱赶高氯酸白烟并蒸至内容物呈黏稠状。视消解情况可再加入 3ml 硝酸，3ml 氢氟酸和 1ml 高氯酸，重复上述消解过程。当白烟再次基本冒尽且坩埚内容物呈黏稠状时，取下稍冷，用水冲洗坩埚盖和内壁，并加入 1ml 硝酸溶液，温热溶解残渣。然后将溶液转移至 50ml 容量瓶中，加入 5ml 硝酸镧溶液，冷却后定容至标线摇匀，备测。

由于土壤种类较多，所含有机质差异较大，在消解时，要注意观察，各种酸的用量可视消解情况酌情增减。土壤消解液应呈白色或淡黄色（含铁量高的土壤），没有明显沉淀物存在。

注意：电热板温度不宜太高，否则会使聚四氟乙烯坩埚变形。

2. 测定。

按照仪器使用说明书调节仪器至最佳工作条件，测定试液的吸光度。

3. 空白试验。

用去离子水代替试样，采用和试液制备相同的步骤和试剂，制备全程序空白溶液。并按测定步骤进行测定。每批样品至少制备2个以上的空白溶液。

4. 校准曲线。

参考表5-3，在50ml容量瓶中，各加入5ml硝酸镧溶液，用硝酸溶液稀释混合标准使用液，配制至少5个标准工作溶液，其浓度范围应包括试液中铜、锌的浓度。按测定步骤中的条件由低到高的浓度测定其吸光度。

用减去空白的吸光度与相对于的元素含量（mg/l）绘制校准曲线。

表5-3 标准曲线溶液曲线

项目	数值					
混合标准使用液加入体积，ml	0.00	0.50	1.00	2.00	3.00	5.00
校准曲线溶液浓度 Cu，mg/L	0.00	0.20	0.40	0.80	1.20	2.00
校准曲线溶液浓度 Zn，mg/L	0.00	0.10	0.20	0.40	0.60	1.00

 ## 六、结果计算

土壤样品中铜、锌的含量 W（Cu、Zn，mg/kg）按下式计算：

$$W = \frac{c \times V}{m(1-f)}$$

式中：c——试液的吸光度减去空白试液的吸光度，然后在校准曲线上查的铜、锌的含量（mg/L）；

V——试液定容的体积，ml；

m——称取试样的重量，g；

f——试样的水分含量，%。

 ## 七、思考题

（1）为什么分液漏斗的活塞上不得涂沫油性润滑剂？

（2）当含有大量的铬和锡过量的其他氧化性离子以及氰化物硫化物和有机物时，是否会对铜的测定产生干扰？如何去除？

第六章 生态环境监测

第一节 植物群落调查

植物群落调查的主要内容包括群落的环境条件、群落的属性标志、群落数量标志。通常以植物的重要值（乔木）或总优势度（灌木草本）、群落生活型组成及种间联系3方面分析概括植物群落特征。要了解一个群落的性质及其特点，必须对群落进行调查，调查的方法有很多种，常用的是路线踏查及样方调查法。

一、调查方法

（一）路线踏查

就是沿着一定路线对所遇到的群落进行一般观察，其特点是在短时间内可以获得较多的资料，观察的面比较广，但比较粗略。

通常是事前通过植被图、航片判读、当地访问等形式选定几条路线。所选路线上的植被可以充分反映当地植被状况或具体工作的要求。这一步工作的基本要求一般是，识别各种植被类型及其中的群落；结合地形变化，了解它们分布的特点和界限。具体操作过程主要有以下几个方面：（1）记录调查时间、地点、调查人；（2）记录调查地的自然条件，包括地质、地形、坡向坡度、海拔高度、土壤性质以及人为影响程度等；（3）记载群落乔木层树种的种类以及各自的植株高度、胸径、生长情况和数量的多少（对于人工林要记下其株行距），同时记下乔木层的密闭度大小；（4）分别记载灌木层、草本层植物的种类以及各自的株高、分布特点（单生、群生、丛生）、生长状况、多度和覆盖度，同时记录总覆盖度；（5）记录幼树的立木更新情况，包括幼树的种类、起源（实生或萌生）、分布特点、数量多少、生长情况；（6）根据乔木层的调查结果定出群落名称。

（二）样方调查

样地调查是植物群落研究最基本的方法。样地的形状和大小需要根据调查对象和环境条件进行确定。样地的形状最常用的是方形，称为样方。

样地面积的大小与研究精度有关，又与工作量大小有关。适当的最小样方面积，以样方内能容纳群落物种种数的最小面积为选择原则，多层结构群落样方适宜最小面积经验性参考值如表6-1所示。

表6-1 不同植物群落样方适宜最小面积经验性参考值

植物群落类型	样方适宜最小面积/m²
草本层	1～10
灌丛	16～100
纯针叶林	100
复层针叶林、夏绿阔叶林	500
亚热带阔叶林	1000～2000

（三）群落调查与记录的主要内容

在植物群落的环境条件方面，应详细记录各地样方编号及其所处地理位置，样方周围的地形、气候与土壤等生态环境条件，人类活动对当地影响的内容与程度，相邻群落之间的相互影响。此外，根据工作条件与研究需要，还可进行小气候观察。

在植物群落属性研究方面，需要调查、记录群落的优势种和建群种，群落分层结构及各层的种群组成特征，生态型组成，群落物候期特征。对于乔木层的调查包括树种的组成以及各自的树高、胸径、枝下高、个体数量以及乔木层的总郁闭度、层次等；灌木层的调查一般是在乔木层样方内根据林下灌木层主要组成的高度及密度设立一定的面积，一般在一个样方内设立五个灌木样方，分别记载各小样方的灌木种类、盖度、高度、频度及总盖度等；对于草本层的调查基本同灌木层，只是一般不记高度，样方可以更小一些。在草本层调查的同时进行样方内乔木树种幼苗情况的调查。通过样方调查可以更详细地了解群落的性质、特征、准确地命名植物群落，同时更有把握地判定群落的演替方向，并且对群落的调查达到一定程度上的定量化。

（四）植物群落演替调查

演替指同一地段植物群落的替代过程，是植物群落动态变化研究的主要内容。克莱曼次按群落基质把群落演替分为原生演替和次生演替两类，他又把原生演替细分为旱生演替系列和水生演替系列。

按照发展方向，演替可划分为顺行演替和背离生态环境方向的逆演替。群落演替总是需要经历几个植物生长发育期才能反映出来。在落地上，先锋植物抵达很快，侵入植物的到来需要一个过程。一种植物群落演替成另一种植物群落的自然过程所需时间长短，至今尚无完整的资料积累。就原生演替所需时间而言，旱生演替系列所需时间与成土过程和成壤过程时间有关，最短不少于 300 年，水生演替系列则与湖、塘寿命长短相关。

对于短尺度的顺行演替或逆行演替，主要依据同地不同年份样地、样带资料的比较分析判别其演替方向。比较分析的主要内容是：（1）种群组成丰富程度的增减变化；（2）生活型与生长型的变化；（3）生态型组成的变化；（4）群落垂直结构变化；（5）群落总盖度变化；（6）土壤特征变化；（7）人类活动及土地利用的改变。

 二、样方调查法

（一）实验原理

样方法是用一定面积作为整个群落的代表，详细计算这个面积中的植物种类、频度、多度、优势度和重要值。这个方法可以确定群落的优势种，也可以对植物进行分类和其他植被分析。

（二）实验仪器工具

1. 测量仪器：GPS、指南针、测绳。
2. 调查测量设备：照相机、钢卷尺、剪刀、标本夹、采集杖、各种表格、记录本。
3. 文具用品：彩笔、铅笔、橡皮、小刀、米尺、绘图薄、资料袋等。
4. 采集工具：铁铲、枝剪、标本袋、标本纸、放大镜等。

（三）实验操作

样地设置与群落最小面积调查，样地不是群落的全部面积，它仅是代表群落基本特征的一定地段。对植物群落考察应在确定的样地内进行，通过详细调查，以此来估计推断整个群落的情况。

选择样地应遵循下列原则：

（1）种的分布要有均匀性；（2）结构完整，层次分明；（3）环境条件（尤指土壤和地形）一致；（4）群落的中心部位，避免过渡地段。

1. 样地形状。

大多采用方形，又称样方。可根据不同研究内容具体选择。小型样方用于调查草本群落或林下草本植物层，大型样方用于调查森林群落或荒漠中的群落。我们还会用到罗盘来进行校准，保证测绳为直线，通过测量线上面的读数来确定样方每边的长度。

2. 样地面积。

下列样地面积的经验值可供考察时参考使用：草本群落 1～10m²，灌丛 16～100m²，单纯针叶林 100m²，复层针叶林、夏绿阔叶林 400～500m²，亚热带常绿阔叶林 1000m²，热带雨林 2500m²，但是我们在实习过程中通常采用以下面积：草本群落：1m²（见图

6 – 1），灌木群落：25m²，乔木群落：100m²。

图 6 – 1　学生野外 1m × 1m 草本样方　李雨杰（摄）

3. 样地数目。

样地数目多少取决于群落结构复杂程度。根据统计检验理论，多于 30 个样地的数值，才比较可靠。为了节省人力与时间，考察时每类群落根据实际情况可选择 3 ~ 5 个样地；所有样地应依照顺序进行编号，以免混乱。

（四）植物群落样地调查内容与方法

1. 环境调查。

包括以下五项：地理位置、地形条件、人类影响、土壤条件、气候条件。

环境是指某个特定主体周围一切事物及现象的总和。影响植物生存的环境因素（生态因子）根据其性质可分为 6 个基本类型：

非生物因子：（1）气候因子：如光、温度、降水、风等。（2）土壤因子：包括土壤结构、物理性质和化学性质。（3）地形因子：有海拔高度、坡向、坡度、坡位和坡型等。

生物因子：（1）植物因子：包括植物之间的机械作用、共生、寄生和附生。（2）动物因子：如摄食、传粉和践踏等。（3）人为因子：有垦殖、放牧和采伐等。

2. 植物群落的属性标志及其调查方法。

（1）群落的分层结构。

植物群落的成层现象是极其重要的特征。一般优势层能较好地反映外界环境，其他层则更多地表现出群落内部环境。

层是群落的最大结构单位，在很大程度上决定了群落的外貌特征和群落类型位置。群落调查一般均以层为单位分别进行，森林群落一般分成乔木层、灌木层、草本（及小灌木）层、地被层四个基本层。

每层内若由一些不同高度，乃至有不同生态特征的物种构成时，通常进一步细分为若干亚层。

藤本植物和附生植物被列入层外植物（或称层间植物），单做记载。

（2）群落的种类组成。

种类组成是群落的另一实质性属性特征。登记每个样方所有高等植物种类（分层进行）的工作必不可少，需认真而仔细，同时采集标本（即使自己以为认识），野外实习时学生不可能识别所有植物，尤其应该采集标本。不认识的种类可用采集号码代表，以后再定名订正。

登记植物种类时仍要遍查样方有无遗漏，有些种类在样方中没有，但分布在样方周围，也要登记，并且将名单分别填入各层。

（3）生活型和生态类型的组成。

在天然和半天然植物群落中，所有植物种类不可能都属于同一生活型，而是由多种生活型所组成，因而为了更清楚地认识群落的生态特征，调查时应把组成群落的植物种类所属的生活型和单因子生态类型尽量弄清楚。

我国关于植物生活型的分类，一般采用丹麦学者瑙基耶尔（Raunkiaer）的生活型系统和《中国植被》一书中所制定的生活型系统。Raunkiaer 的生活型系统，强调植物营养体对气候的适应，选择更新芽的位置作为划分生活型的依据，把植物生活型分为五类：

①高位芽植物（Ph），更新芽位于距地面 30cm 以上，多为乔木；

②地上芽植物（Ch），更新芽位于土壤表面至 30cm 之间，多为灌木、半灌木植物；

③地面芽植物（H），更新芽位于近地表面土层内，常被地被物覆盖，为多年生草本植物；

④隐芽植物（Cr），更新芽隐藏在地下或水中，为草本植物；

⑤一年生植物（Th），靠种子越冬。调查时据此仔细统计填写，然后加以讨论。

（4）物候期。

物候期指的是调查时某种植物所处的发育期，可反映植物与环境的关系，既标志当地相应的气候特点，又说明植物对各样方、群落内部不同位置的小环境的适应情况。

野外调查时，大体可分为萌动、抽条、花前营养期、花蕾期、花期、结实、果

（落）后营养期、（地上部分）枯死。通常使用简单图像符号或缩写字母代表，填写比较方便。

（5）生活力。

在了解了各种植物所处物候期以后，可以判断群落中各种植物生活是否正常有力。野外记录要求区分三级生活力：

强：植物发育良好，枝干发达，叶子大小和色泽正常，能够结实或有良好的营养繁殖。

中：植物枝叶的发展和繁殖能力都不强，或者营养生长虽然较好而不能正常结实繁殖。

弱：植物达不到正常的生长状态，显然受到抑制，甚至不能结实。

3. 植物群落的数量标志及其调查方法。

（1）多优度—群聚度的估测及其准则。

多优度和群聚度相结合的打分法和记分法是法瑞学派的传统的野外工作方法。它是一种主观观测的方法，要有一定的野外经验，这一方法与重视植物种类组成相结合构成了这一学派的特色。

有两个等级，即多优度等级和群聚度等级，准则如下：

多优度等级（即盖度—多度级，共6级，以盖度为主结合多度）：

① 5：样地内某种植物的盖度在75%以上者（即3/4以上者）；

② 4：样地内某种植物的盖度在50%～75%以上者（即1/2～3/4）；

③ 3：样地内某种植物的盖度在25%～50%者（即1/4～1/2者）；

④ 2：样地内某种植物的盖度在5%～25%者（即1/20～1/4者）；

⑤ 1：样地内某种植物的盖度在5%以下，或数量尚多者；

⑥ +：样地内某种植物的盖度很少，数量也少，或单株。

群聚度等级（5级，聚生状况与盖度相结合）

① 5：集成大片，背景化；

② 4：小群或大块；

③ 3：小片或小块：

④ 2：小丛或小簇：

⑤ 1：个别散生或单生。

因为群聚度等级也有盖度的概念，故在中、高级的等级中，多优度与群聚度常常是一致的，故常出现5.5、4.4、3.3等记号情况，当然也有4.5、3.4等情况，中级以下因个体数量和盖度常有差异，故常出现2.1、2.2、2.3、1.1、1.2、+、+.1、+.2的记号情况。

（2）盖度（总盖度、层盖度、种盖度）的测量。

群落总盖度是指一定样地面积内原有生活着的植物覆盖地面的百分率。这包括乔木层、灌木层、草本层、苔藓层的各层植物。所以相互层之重叠的现象是普遍的，总盖度不管重叠部分，只要投影覆盖地两者都同等有效。如果全部覆盖地面，其总盖度为100%，如果林内有一个小林窗，地表正好都为裸地，太阳光直射时，光斑约占盖度的10%，其他地面或为树木覆盖，或为草本覆盖，故此样地的总盖度为90%，总盖度的估测对于一些比较稀疏的植被来说，是具有较大意义的。草地植被的总盖度可以采用缩放尺实绘于方格纸上，再按方格面积确实的盖度百分数。

层盖度是指各分层的盖度，乔木层有乔木层的盖度，草木层有草木层的盖度。实测时可用方格纸在林地内勾绘，比之估测要准确得多。然而，有经验的地植物学工作者都善于目测估计各种盖度。

种盖度指各层中每个植物种所有个体的盖度，一般也可目测估计。盖度很小的种，可略而不计，或记小于1%。

个体盖度即指单个植物的冠幅、冠径，以个体为单位，可以直接测量。

由于植物的重叠现象，故个体盖度之和不小于种盖度，种盖度之和不小于层盖度，各层盖度之和不小于总盖度。

（3）树高和干高的测量。

树高是指一棵树从平地到树梢的自然高度。通常在做样方的时候，先用简易的测高仪（例如魏氏测高仪）实测群落中的一株标准树木，其他各树则估测。估测时均与此标准相比较。

干高即为枝下高，是指此树干上最大分枝处的高度，这一高度大致与树冠的下缘接近，干高的估测与树高相同。

目测树高和干高的两种简易的方法，可任选一种。第一种为"仪器观测"，具体的方法是利用测高仪来进行测量，通过测高仪发出的激光来大概估测树高。第二种方法为"二分法"，即测者站在距树远处，把树分割成1/2、1/4、1/8、1/16，如果分割至1/8处为2m，则2m×8＝16m，即为此树高度。

（4）胸径和基径（茎径）的测量。

胸径是指树木的胸高直径大约指距地面1.5m处的树干直径。测量要用特别的轮尺，在树干上交叉测两个数，取其平均值，因为树干有圆有扁，对于扁形的树干尤其要测两个数。在地植物学调查中，一般采用钢卷尺测量即可，如果碰到扁树干，测后估一个平均数就可以了，但必须坚持株株实地测量的原则。

注意：胸径2.5cm以下的小乔木，一般在乔木层调查中都不必测量，应在灌木层中调查。

基径是指树干基部的直径，是计算显著度时必须要用的数据，测量时，也要用轮尺测两个数值后取其平均值。一般用钢尺也可以。一般树干直径的测量位置是距地面30cm处。同样必须实测，不要任意估计。

（5）冠幅、冠径和丛径的测量。

冠幅指树冠的幅度，专用于乔木调查时树木的测量，严格测量时要用皮尺，先通过树干在树下量树冠投影的长度，然后再通过树干与长度垂直量投影的树冠的宽度。例如长度为4m，宽度为2m，则记录下此株树的冠幅为$4 \times 2m$。然而在地理植物学调查中多用目测估计，估测时必须在树冠下来回走动，用手臂或脚步帮忙测量。特别是那些树冠垂直的树，更要小心估测。

冠径和丛径均用于灌木层和草本层的调查，因为调查的样方面积不大，所以进行起来不会太困难。测量冠径和丛径的目的在于对此群落中的各种灌木和草本植物的固化面积。冠径指植冠的直径，用于不成丛的单株散生的植物种类，测量时以植物种为单位，选测一个平均大小（即中等大小）的植冠直径，如同测胸径一样，记一个数字即可，然后再选一株植冠最大和植株测量直径记下数字。丛径指植物成丛生长的植冠直径，在矮小灌木和草本植物中各种丛生的情况较常见，故可以丛为单位测量共同种各丛的一般丛径和最大丛径。

（五）结果统计与分析

1. 分析群落各层（乔木层、灌木层、草本层）的数量特征，比较不同类型群落数量特征的差异。

2. 计算群落各层中不同植物种的重要值，根据重要值大小分析不同种类在该层及群落中的重要性及形成原因。

3. 植物群落物种多样性：物种丰富度指数计算、辛普森多样性指数、香农—维纳多样性指数。

第二节　植物光合速率和光响应曲线测定

 一、光合日动态、季节动态调查实验

光合作用是植物生长发育的基础和生产力高低的决定性因素，同时又是一个对环境条件变化很敏感的过程，光合作用主要受到光合有效辐射、环境温湿度、CO_2浓度、叶片生理成熟度以及不同栽培措施等的影响。光合速率与植物的产量密切相关，已被广泛用作筛选高产品种的重要标准。

调查式测量（survey measurement）主要是为了描述一个植物群体的特征，通常通过短时间内对大量叶片进行取样测量来达到此目的，这便意味着在单个叶片测量上耗用尽量少的时间，以求在有限时间内尽可能获取最大的样品量信息。

光合日动态和季节动态（diurnal and seasonal change）特性测量是对植物光合特征在一天和一年的时间尺度内动态变化情况的调查式测量。自然条件下，植物的光合作用会表现出明显的日变化和季节变化，在全天的时间尺度内，植物光合表现可能有单峰型、双峰型或三峰型，而在全年尺度上，植物光合也可能表现为夏秋强，春冬弱等特点。研究不同植物光合作用的日动态和季节动态变化特征有利于反映其遗传特性和对环境的适应能力，明确植物的生态学特性。

光合气体交换测量是光合研究中最重要的研究方法之一，通过 LI-6800（见图 6-2）便携式光合测量系统能够快速准确地得到植物光合原位研究中的关键数据，包括净光合速率（A，$\mu mol \cdot m^{-2} \cdot s^{-1}$）、气孔导度（$g_{sw}$，$mol \cdot m^{-2} \cdot s^{-1}$）、胞间 CO_2 浓度（C_i，$\mu mol \cdot m^{-2} \cdot s^{-1}$）、蒸腾速率（E，$mol \cdot m^{-2} \cdot s^{-1}$）、叶片饱和蒸气压亏缺（$VPD_{leaf}$，kPa）、瞬时光合有效辐射强度（$Q_{in}$，$\mu mol \cdot m^{-2} \cdot s^{-1}$）、空气温度（$T_{air}$，℃）、大气相对湿度（RH，%）等指标，通过间接计算可得到水分利用效率（WUE）、光能利用效率（LUE）、碳同化量子效率（ΦCO_2）、气孔限制值（L_s）等其他指标。

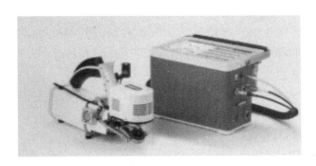

图 6-2　LI-6800

（一）实验条件

时间：8：00～18：00（根据当地日照时间（日出—日落）灵活设定）。

天气条件：晴朗少云。

材料：根据实验需要选择合适的样品叶（一般选择无遮挡、受光照条件好的刚刚完全展开叶或冠层顶端叶），每个处理至少选 10 个样品叶为重复，叶片在动态测量过程中不要更换。

（二）实验步骤

1. 光合动态调查实验推荐选用 6800-12 透明叶室（3cm×3cm），实验过程中对叶室环境无须进行控制。

2. 主机进气口连接缓冲瓶。

3. 点击"Environment"标签，设置流速和混合扇。

（1）设置 Flow：On；Pump Speed：Auto；Flow Setpoint：500μmol · s^{-1}；Press. Valve：0.1kpa。

（2）设置 Fan：Mixing fan；On；Fan Speed：10000rpm。

（3）其他设置：Off。

4. Stability 设置，如表 6-2 所示。

表 6-2   设置参数

Variables	Slope Limit	Period（s）
$CO_2 - R$ & $CO_2 S$. Meas	2	20
$H_2 OR$ $H_2 OS$. Meas	2	20
A. GasEx	1	20
gsw. GasEx	0.1	20

5. 点击"Log Files"标签，设置记录文件和记录选项。

（1）设置 Logging Options：保持默认，检查确保选中 Also log data to Excel file。如果叶片不能充满叶室，检查屏幕右下角"Check to log as a row"区域，确认"Const：S"选框没有被勾选。

（2）设置 Match Options：对仪器使用不熟练者，建议选择 Only match if。

①Elapsed time > '15min' since last match；

②CO_2_r changed > '100 ppm' since last match；

③ $|CO_2\_r - CO_2\_s| < 10ppm$；

④H_2O_r changed > '10mmol $\cdot$ mol^{-1}' since last match；

⑤ $|H_2O\_r - H_2 O\_s| < 1.0mmol \cdot mol^{-1}$。

对仪器使用熟练者，建议选择 never match：每隔 10~20 分钟匹配一次，或者判断环境改变较大匹配一次，在 Mearsurment 界面按"Match IRGAS"，点击"Automatic Matching"，start 即匹配。

（3）打开记录文件 Open a Logfile：点击"New Folder"，建立自己的数据文件夹，选中并打开建好的文件夹后，点击"New File"，输入文件名称，点击"OK"，记录文件打开，可以开始测量了。

6. 开始测量：夹上叶片，点击"Mearsurment"测量界面，观察左侧图形，按不同字母切换多参数的实时图，或查看 Stability，当显示为 4/4 时，为数据稳定，点击最右侧的"Log"键记录数据。

7. 更换叶片，重复 6 步骤；直到本组测量完成。

8. 测量结束后，点击"Log Files"标签下的 Logging to 功能，点击右下角位置的 Close Log 关闭记录文件。

9. 插入 U 盘，点击"Log Files"标签，选择 Export Logs 功能，找到自己建立的文件夹，打开，按"select all"，再按"copy to USB"，将数据推送到 U 盘，完成。

（三）注意事项与相关研究信息参考

1. 夹好叶片，调整叶室角度，让阳光能够直射入叶室内，确保叶室内无阴影。如在全天测量过程中，样品叶出现背阴状态时，则不再考虑此项。

2. 不同植物"午休"现象和生理特性的差别，可表现出光合的单峰或双峰甚至多峰的趋势，这与其生理生态特性有关。

3. 从植物的光合时间特征和环境因子变化的相关性上，可以得出不同植物对环境因子的响应模式。

4. 从胞间 CO_2 浓度 C_i 和净光合速率 A 的变化趋势，可以在时间尺度上得到植物受到气孔限制的情况。

5. 从气孔导度 g_{sw}、蒸腾速率 E、叶片饱和水汽压亏缺 VPD_{leaf}、水分利用效率 WUE 的变化趋势，可以得到植物对水分的利用情况和其气孔的调节能力。

 二、植物光合特征和光合效率测量实验

光合作用在地球上占有十分重要的地位。它是地球上最重要的化学反应，是生命的发动机，是地球生物圈形成与运转的关键环节，是生物演化的强大加速器，也是新绿色革命的核心问题，更是未来能源的希望。面对地球上人口日益增加和耕地日益减少的问题，为了满足日益增长的食物需求，人们正试图通过改善光合作用来大幅度地提高作物的单位面积产量，或者说是第二次绿色革命正在兴起。改善光合效率已经成为第二次绿色革命的核心问题。光合作用的研究成果不仅为第一次绿色革命的成功奠定了坚实的理论基础，而且也为第二次绿色革命展示了获得胜利的靶标。

在光合作用研究中，气体交换测量历来都发挥着不可替代的重要作用。例如，M. Calvin 在 20 世纪四五十年代揭示了植物光合作用碳同化途径的过程中，利用 CO_2、O_2 气体交换测量技术，成功为植物体内光合作用过程是由 1 分子 RuBP 和 1 分子 CO_2 形成 2 分子 PGA 的论断提供了重要证据。即使在光合作用研究已经深入到分子水平的 21 世纪，提高作物光合潜力，验证转基因植物的光合效率有无改善，都需要通过测量光合作用气体交换速率来验证。另外气体交换测量为研究者定量化植物叶片表面与大气间的碳水交换过程，使得越来越多的植物生理学和植物生态学，以及农学、林学、园艺学和遗传学等研究都涉及叶片碳水气体交换的测量。

（一）实验条件

1. 时间：野外自然环境一般选择上午 8：30～11：30，避开可能的"午休"，及"午休"对以后测量的影响；全天环境恒定气候控制室内，则可以全天实验。

2. 天气条件：晴朗，阳光充足。

3. 材料：根据实验需要选择合适的样品叶（一般选无遮挡、受光照条件好的刚刚完全展开叶或冠层顶端叶），每个处理至少选 10 个样品叶为重复。

（二）实验步骤

1. 测量光合效率，叶室选用 6800-02 红蓝光源（3cm×3cm）或 6800-01F 荧光叶室（圆形，$6cm^2$）进行实验，叶室环境条件根据具体实验目的自行选择控制。

2. 建议使用 CO_2 钢瓶控制稳定一致的 CO_2 浓度。

3. 点击"Environment"标签，进行环境设置（Flow 和 Fan 必须选择 On）。

（1）设置 Flow：On；Pump Speed：Auto；Flow Setpoint：$500\mu mol \cdot s^{-1}$；Press Valve：0.1kPa。

（2）设置 H_2O：湿度控制可根据具体实验目的确定，对于不涉及水分胁迫处理的实验，可以设置一个稳定的湿度环境，来排除水分条件对植物气孔行为的影响。

H_2O：On；RH_air：50%～75%（也可设置 VPD 来控制叶室内的湿度）。

（3）设置 CO_2：如果安装有 CO_2 钢瓶：CO_2 Injector：On；CO_2_s：$400\mu mol \cdot mol^{-1}$（或其他实验目标浓度）。

（4）设置 Mixing far：On；Fan Speed：10000rpm。

（5）设置 Temperature：温度控制可根据具体实验目的确定，并满足仪器实现的可能性，例如高温高湿的环境下，控温太低，可能会在仪器壁上凝结水珠，仪器会报警。

Temperature：On；Teaf：举例，25℃（或根据环境温度 Tair 设置一个相近的温度）。

（6）设置光强 Light：对于处理间光合特性对比实验，需排除外界光照的变化对植物光合的影响，因此需设置一个稳定的光强。方法如下：

设置 Light：选择 Head Light Source：Control Mode：Setpoint：Setpoint：$1500\mu mol \cdot m^{-2} \cdot s^{-1}$（或根据实验目的设置光强）；Color Sepc：r90（90%红光）。

4. Stability 设置，参考表 6-3。

表 6-3　　　　　　　　　　　　　　　　设置参数

Variables	Slope Limit	Period（s）
CO_2R & CO_2S. Meas	1（使用 CO_2 小钢瓶）； 2（不适用 CO_2 小钢瓶）	20
H_2OR & H_2OS. Meas	1	20
A. GasEx	1	20
gsw. GasEx	0.1	20

5. 点击"Log Files"标签，设置记录文件和记录选项。

（1）设置 Logging Options：保持默认，检查确保选中 Also log data to Excel file。如果叶片不能充满叶室，检查屏幕右下角"Check to log as a row"区域，确认"Const：S"选框没有被勾选。

（2）设置 Match Options：对仪器使用不熟练者，建议选择 Only match if。

①Elapsed time > '15min' since last match；

②CO_2_r changed > '100ppm' since last match；

③|$CO\_r - CO_2\_s$| < 10ppm；

④H_2O_r changed > '10mmol·mol^{-1}' since last match;

⑤$|H_2O\_r - H_2O\_s| < 1.0$mmol·mol^{-1}。

对仪器使用熟练者，建议选择 never match；每隔 10~20 分钟匹配一次，或者判断环境改变较大匹配一次，在 Mearsurment 界面按"Match IRGAS"，点击"Automatic Matching"，start 即匹配。

（3）打开记录文件 Open a Logfile：点击"New Folder"，建立自己的数据文件夹，选中并打开建好的文件夹后，点击"New File"，输入文件名称，点击"OK"，记录文件打开，可以开始测量了。

6. 开始测量：夹上叶片，点击"Mearsurment"标签，进入测量界面，观察左侧图形，按不同字母可见多个参数的稳定性实时图，也可以查看 Stability 标签下的稳定性参数，当显示为 4/4 时，为数据稳定；点击最右侧的"Log"键记录数据。

7. 更换叶片，重复 6 步骤；直到本组测量完成。

8. 测量结束后，点击"Log Files"标签下的 Logging to 功能，点击右下角位置的 Close Log 关闭记录文件。

9. 插入 U 盘，点击"Log Files"标签，选择 Export Logs 功能，找到自己建立的文件夹打开，按"select all"，再按"copy to USB"，将数据推送到 U 盘，完成。

（三）注意事项与相关研究信息参考

1. 如果仪器控制的叶室环境（尤其是光照强度 Qin）与外界环境（Qamb_out）间有较大差异的话，植物体自身需要一定时间适应叶室内的新环境，时间长短取决于差异大小。

2. 如果所控环境与植物原来所处环境相差很大，处于诱导或适应期的植物响应速度不同，因此当仪器的 Stability 显示为 4/4 时，植物体自身可能仍然处于适应过程，并未达到该叶室环境下的稳态光合，需观察 Measuements 下的实时图来判断是否真正稳定。

3. 在控制叶片温度时，尤其是控制较低温度时，H_2O 控制界面可能会出现 dewpoint 红线。这是由于温度较高的气体在接触到温度较低的分析器气室壁时，会出现结露，而液态水对 IRGA 分析器有损伤，因此控温不能低于露点温度（dewpoint temperature），否则系统会自动出现 autodry 的提示界面。

4. 不同植物在时间尺度上的光合动态变化差异很大，这与其生理生态特性有关。因此在测量过程中同一处理的不同重复要均匀分布在整个比较实验的测量过程中。

5. 根据已发表的文献，C3（木本）在饱和光强下净光合速率多数在 5~15μmol·m^{-2}·s^{-1}内；C3（草本）和 C4 植物饱和光强下净光合速率分别在 20~25μmol·m^{-2}·s^{-1} 和 30~40μmol·m^{-2}·s^{-1}内，如测定结果异常，超出常见范围，应分析是否植物处于非健康状态或者测量期间是否未匹配或叶室漏气等操作错误造成。

6. 对于大多数植物来讲，气孔导度 g_{sw} 一般在 0~1mol·m^{-2}·s^{-1}之间，如 g_{sw} 出现

0.0xx 或 0.00x 的情况，可能是由于植物受到水分胁迫或喜阴植物在低光照时的 g_{sw}，或者植物还需进一步进行光诱导驱使气孔逐渐打开。而且，也有个别植物种类或品种会出现 $g_{sw} > 1\,mol \cdot m^{-2} \cdot s^{-1}$，这种类型的植物往往光合和蒸腾速率也会处在较高的水平上。

7. 多数情况，对于未受到气孔胁迫的植物，胞间 CO_2 浓度 C_i 和环境 CO_2 浓度 CO_2_s 的比值在 0.7~0.8 附近。在稳态光合作用期间，C4 植物和 C3 植物的 C_i 一般分别为叶片外空气 CO_2 浓度的 30% 和 66% 左右。当空气的 CO_2 浓度和叶肉导度 g_m 恒定不变时，C_i 的变化是气孔导度变化和叶肉细胞光合活性变化的总结果。

8. 碳同化量子效率 ΦCO_2 指的是光合机构吸收一个光量子同化 CO_2 的分子数量，因此量子效率也是表征植物体光合效率高低的一个重要参数，在普通空气（400ppm CO_2，21% O_2）中，25℃~30℃下，不同光合途径植物的量子效率如下：

C3 植物：0.052 ± 0.003（N = 61）；C4 植物：0.057 ± 0.006（N = 56）；CAM 植物：0.0330.017（N = 6）。

三、光合光响应曲线 Light Curve 测量实验

植物进行光合作用的动力和能量来源就是光，光是制约光合速率高低的重要环境因子。根据生长环境和日照时间的不同，植物会暴露在不同的光照强度下。光能够为同化作用提供其所需要的能量；光能够活化参与光合作用的某些酶；光能够调节光合机构的发育。

气体交换与叶绿素荧光同步测量可以同时得到植物光合生理特性和光合能量利用两个方面的数据，以此来探究不同条件和处理下植物光合作用对光的响应机制。

在完全黑暗的环境下，光合作用无法进行，叶片对最开始出现的少量光量子吸收的效率最高，而后随着光强的增加，吸收效率降低，最后光强增加，光合速率增加幅度很小或不再增加。因此，光响应曲线气体交换参数部分可以提供以下信息：

（1）暗呼吸速率：即线粒体呼吸，无光时的同化速率。

（2）光补偿点：光合作用与呼吸作用平衡时对应的光量子通量密度。

（3）量子效率：同化速率的最初斜率。

（4）最大净光合速率：Asat。

与阳生植物相比，阴生植物暗呼吸速率往往偏低，光补偿点也低，最大光合速率也较低，但是具有较高的量子效率。

（一）实验条件

1. 时间：野外自然环境一般选择上午 8：30~11：30，避开可能的"午休"，及"午休"对之后测量的影响；全天环境恒定气候控制室内，则可以全天实验；如进行荧光光响应曲线，植物材料需提前进行暗适应。

2. 天气条件：晴朗，阳光充足。

3. 材料：根据实验需要，选择合适的样品叶（一般选用无遮挡、受光照条件好的刚刚完全展开叶或冠层顶端叶），由于每条曲线测量时间较长，实验处理数量不宜过多，防止不同处理间由于时间差异造成的误差。

（二）实验步骤

光响应曲线测量可分为快速光响应曲线（只测量气体交换）、荧光快速光响应曲线（只测量叶绿素荧光）、慢速光响应曲线（气体交换与叶绿素荧光同步测量）三种。

快速光响应曲线：光合器官对于光强的变化响应是最快的，尤其是光强从高到低改变时，基本上是实时响应的。快速测量方法是叶片从较强光照下开始测量，逐步降低光强，每个光强梯度至少等待 2 分钟。当进行快速光响应曲线测量时，气孔无法随着光强的变化进行及时响应，在弱光下开放程度要比正常情况下偏大一些，因此快速光响应曲线得到的气孔导度（g_{sw}）数据是非平衡下的数值。

1. 快速光响应曲线可使用 6800 – 01F 荧光叶室（圆形，$6cm^2$）或 6800 – 02 红蓝光源叶室（$3cm \times 3cm$）进行测量。

2. 使用 CO_2 钢瓶，在整个光响应曲线测量过程中保证 CO_2 浓度稳定不变。

3. 点击"Enviroment"标签，进行环境设置：

（1）设置 Flow：On；Pump Speed：Auto；Flow Setpoint：$500\mu mol \cdot s^{-1}$；Press. Valve：0. 1kPa。

（2）设置 H_2O：湿度控制可根据具体实验目的确定，对于不涉及水分胁迫处理的实验，可以设置一个稳定的湿度环境，来排除水分条件对植物气孔行为的影响。

H_2O：On；RH_air：50% ~75%（也可设置 VPD 来控制叶室内的湿度状态）。

（3）设置 CO_2：CO_2 Injector：On；CO_2_s：$400\mu mol \cdot mol^{-1}$（或实验目标浓度）。

（4）设置混合扇 Mixing fan：On；Fan Speed：10000rpm。

（5）设置 Temperature：温度控制可根据具体实验目的确定，并满足仪器实现的可能性，例如高温高湿的环境下，控温太低、可能会在仪器壁上凝结水珠，仪器会报警。

Temperature：On；Tleaf：举例 25℃（或根据环境温度 Tair 设置一个相近的温度）。

（6）设置光强 Light：实验开始前先将光强设置为曲线的最大光强。

①6800 – 01F 荧光叶室：

设置 Light：选择 Fluorometer：Control Mode：Setpoint；Setpoint：$1800\mu mol \cdot m^{-2} \cdot s^{-1}$（或根据实验目的设置光强）；Color Sepc：r90（90% 红光）。

②6800 – 02 红蓝光源：

设置 Light：选择 Head Light Source：Control Mode：Setpoint；Setpoint：$1800\mu mol \cdot m^{-2} \cdot s^{-1}$（或根据实验目的设置光强）；Color Sepc：r90（90% 红光）。

4. Stability 设置，可参考表 6 – 4。

5. 点击"Log Files"标签，设置记录文件和记录选项。

（1）设置 Logging Options：保持默认，检查确保选中 Also log data to Excel file。如果

表 6－4   设置参数

Variables	Slope Limit	Period（s）
CO_2R & CO_2S. Meas	1	20
H_2OR & H_2OS. Meas	1	20
A. GasEx	1	20
gsw. GasEx	0.1	20

叶片不能充满叶室，检查屏幕右下角"Check to log as a row"区域，确认"Const：S"复选框没有被勾选。如果使用 6800－01F 荧光叶室（圆形，$6cm^2$），并且同时想获得叶绿素荧光参数，选择 Fluorometer Options 标签，在 Fir Acttion at log 选择"1FoFm（Dark）or FSFM′（Light）"。

（2）设置 Match Options：建议选择 Always match。

（3）打开记录文件 Open a Logfile：点击"New Folder"，建立自己的数据文件夹，选中并打开建好的文件夹后，点击"New File"，输入文件名称，点击"OK"，记录文件打开，可以开始测量了。

6. 开始测量：

（1）夹上叶片，点击"Mearsurment"标签，观察左侧图形，按不同字母可见多个参数的稳定性实时图，也可以查看"Stability"标签下的稳定性参数，当显示为稳定时，开始建立自动程序。

（2）点击"Auto Programs"标签，选择 Light_Response。

Qin values：从高到低设置光强梯度，例如，1800，1500，1200，900，600，300，200，150，100，70，30，0。

Min. wait：120sec；Max. wait：200sec；勾选 Allow early matching。

（3）点击"Start"开始测量。

7. 图像设置（可以在曲线测量过程中看到光响应曲线图）：点击"Measurements"标签，从左下角字母中任意选一个，如 G，点击"Edit Graphs"，设置纵坐标为 A 横坐标为 Qin，并且把坐标尺度设置为 fixed 而不是 autoscale，A 的坐标范围根据植物光合高低而定，例如 min 为 －1，max 为 30；Qin 要根据光强梯度而定，如 min 为 0，max 为 2000。曲线测定过程中所记录的数据将在图上显示。

8. 测量完成后，进入"Log Files"标签下的 Logging to 界面，点击 Close Log 关闭记录文件。

9. 更换叶片，重复 5（3）至 8 步骤。注意：每次夹叶片之前首先确保光强 Light 为高光强（如 1800），然后再夹叶片重复 5（3）至 8 步骤，直到所有样品测量结束。

10. 插入 U 盘，点击"Log Files"标签，选择 Export Logs 功能，找到自己建立的文件夹打开，按"select all"，再按"copy to USB"，将数据推送到 U 盘，完成。

（三）注意事项与相关研究信息参考

1. 快速光响应曲线适用于原本处于高光强环境的植物，如果植物处于较低光强（如几百），则建议首先进行光诱导，时间大概在 20 分钟到 1 小时，目的是使叶片气孔充分打开，使测量过程中光合速率不会受到气孔限制的影响，只随光强变化而变化。如果植物在室内，光强低于 10 的环境，建议采用慢速光响应曲线，即光强从 0 开始逐步增强，每个梯度都要最少适应 5 分钟以上。

2. 光诱导方法：一种是将植物放置在阳光充分的环境中进行批量诱导，节约电和时间。或者使用仪器光源进行诱导：打开光源，设置光强为较高值（如 1500），然后夹入叶片，等待植物适应。可在 Measurements 下面观察 A 值和 g_{sw} 值在不同时间尺度的实时图，来判断是否稳定。

3. 光响应曲线数据的拟合模型主要有直角双曲线模型、非直角双曲线模型、指数模型和直角双曲线修正模型等几种，研究者可根据实验选择适合的模型来拟合数据。直角双曲线和非直角双曲线都是以双曲线为基础的模型，由于算法原因可能会造成估算的最大净光合速率 A_{max} 远大于真实值，饱和光强 I_{sat} 远小于真实值。

4. 对于 C3 植物来讲，每固定 1 分子 CO_2，至少需 8 分子光量子，因此光响应曲线估算的表观量子效率最大不会超过 0.125。

第三节　植物根系测定

根系是植物的主要功能器官之一，强大的根系可以使植株很好地固定在土壤中，防止倒伏；植物的根系可以从土壤中吸收水分和多种营养物质，如矿物质，各种形态的氮素等。同时植物的根系还可以改善土壤微环境。因而，研究植物根系的根长、根面积等参数，对于植物生长本身，乃至生态环境都有非常重要的意义。但由于根系生长在土壤中，具有隐蔽性，本实验书介绍一款根系扫描分析软件，以供参考。

一、安装软件

1. 电脑上安装根系扫描软件和 Delta-t scan，连接好根系分析仪所有线路。
2. 双击根系分析仪文件图标弹出如图 6-3 所示窗口。

二、铺放根系

掀开根系存放室，加清水并将已漂洗好的根系均匀排列其中，如图 6-4 所示。

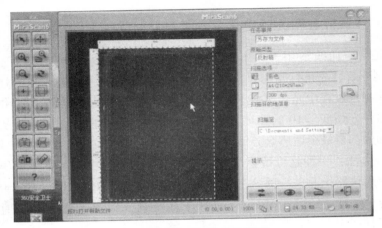

图 6 - 3　根系扫描软件界面

图 6 - 4　放置根系

三、扫描设置

单击【设置】按钮，出现设置窗口，如图 6 - 5 所示；在设置页面中，图像类型一栏中单击下拉键选择"黑白"，并单击"确定"。

四、预览和打印扫描结果

1. 点击【预览】按钮　，将生成预览图，如图 6 - 6 所示。

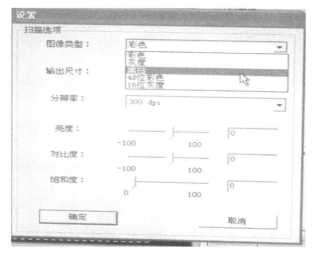

图 6 – 5 根系扫描设置界面

图 6 – 6 根系扫描预览界面

2. 若预览图片有误，需要重新摆放根系并再次进行预览，若预览图片无误则点击【打印】按钮 则会出现如图 6 – 7 所示界面。

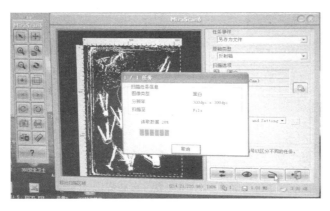

图 6 – 7 根系扫描打印界面

五、保存根系扫描图片

保存根系扫描图片如图6-8所示。

图6-8　根系扫描图片

 六、分析根面积和根长信息

1. 在file子菜单中选定load image file，选择其中一个扫描的待分析的图片，然后按【Enter】键。

（注：图片文件必须为黑白照片，格式为TIF）

2. 然后选择analysis子菜单中的分析选项，如AREA，点击【Enter】就会"嘀"的一声，显示扫描的图片，图片左下方提示按【Enter】键可以继续，按动之后，就会显示如图6-9所示信息。

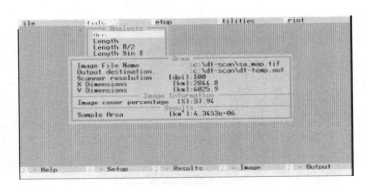

图6-9　根系软件分析界面

3. 根据具体的分析要求，可以选择不同的子菜单，其中包括如下子菜单。

Analysis 菜单中的子菜单：Area、Length、Lengthπ/2、Length Sinθ、Object Scan、Object Size、Object Count、Object Tip Count 选择其中之一，然后点击【Enter】键，就会出现载入的图片与分析的原始样片，继续点击【Enter】，就会显示具体的分析数据。

4. 同时在分析过程中，在屏幕的最底下有一行信息。当我们选择不同的分析选项时，按动 F3 就可以显示要分析选项的具体设置项，如图 6-10 所示：

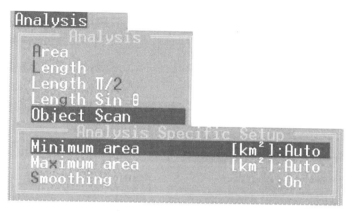

图 6-10　根系分析指标

然后利用鼠标点击或者利用移动键移动到希望更改的地方，点击【Enter】，就会出现更改对话框，进行自己的设置后按动【Enter】键就可以确认，然后按【Esc】就确认完毕了并退出现在的子菜单，回到上一级目录。

再次选定该分析子菜单，然后按动【Enter】键，重新进行分析显示就可以看到更改的项了。

5. 在最下面的信息中，F4 键是显示选定分析项目的结果，F5 键显示该分析的图像，F6 键输出分析结果。其前提都是要选定分析图像项目，否则该项分析内容与图像均为空的，会有信息提示。

在分析子菜单中有如下选项：

Analysis 选项	含义
Area	扫描物体的总面积
Length	分析的棒状物体的总长度
Length π/2	棒状物体的直径分析，利用角度计算水平方向或者垂直方向截取根的直径
Length Sinθ	同上面的计算原理相同，利用三角关系求取直径分布
Object Scan	可以列出 1000 个最大物体的信息列表，包括物体尺寸、图像位置、面积、周长等
Object Size	计算微粒的直径大小，进行分类

Object Count　　　估计测量物体的总数

Object Tip Count　计算根尖的总数

第四节　植物叶片面积测定

植物叶片是植物光合作用的主要器官，叶片的数量和面积大小与作物产量有着直接关系。考察叶面积的发育动态，有助于了解作物生长发育状况和群体结构，为采取适当控制增加作物产量提供依据。本实验介绍 LI – 3100 测定叶面积的仪器使用方法。

 一、系统安装

1. 用随机内六角扳手拆开 LI – 3100 的后盖（共三个螺丝），如图 6 – 11 所示，然后撕开捆绑镜头和灯管的胶带，把镜头及灯管暂时先放在一边，将胶带清除。

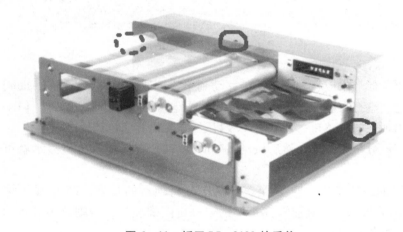

图 6 – 11　拆开 LI – 3100 的后盖

2. 打开黑色的灯管座（注意不要把电线弄断），如图 6 – 12 所示。取一只灯管插到另一端的座中，调整好角度将灯管固定，再将灯管座原样安装好（切勿强行用力，否则极易损坏灯管，应缓慢旋转灯管，对正灯脚）。

3. 根据要求的测量精度选一只镜头，安装到滑板上的镜头座上，并打开镜头盖。

4. 根据所选的镜头移动滑板的位置，使红色刻度线对齐。

5. 将另一只镜头固定到底板上的固定座上，盖好镜头盖。

6. 根据所选的测量精度拨动电路板右上角的精度选择开关到相应位置。

7. 将后盖装好。

8. 根据所选的测量精度选择限定叶子宽度的架子，0.1mm 用宽度小的，1mm 用宽度大的。

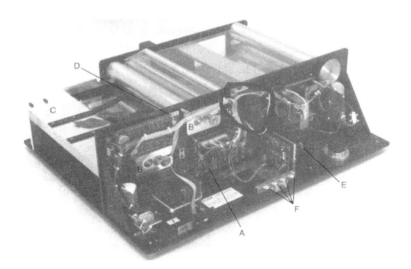

图 6 - 12　打开黑色的灯管座

二、操作步骤

对应图 6 - 13，操作步骤如下：

1. 向上扳动开关按钮　，启动仪器。

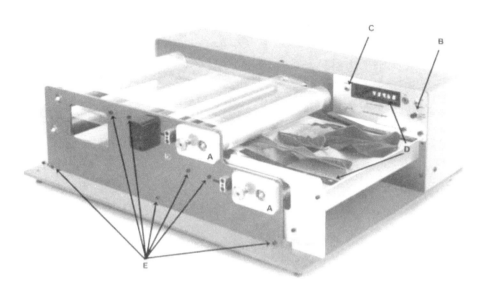

图 6 - 13　叶面积扫描仪按钮

2. 轻轻按下光源键 （B），打开扫描光源。

3. 每次扫描时按下归零键 （C），同时迅速将展开待测的叶片放入仪器右侧传送带间。

4. 待扫描叶片全部通过仪器后，记录仪器显示屏读数，即为叶片面积，单位 cm^2。

5. 扫描结束后，直接向下扳动开关按钮 ![]，扫描仪关闭。

三、注意事项

1. 如果仪器运行时发生传输带总是向一个方向偏的现象，需要调整 A 的位置，避免缺失扫描信息。

2. 如果在没有被测物体时屏幕上仍然出现读数，说明传输带脏了，需要清洗。在仪器运行时用湿布轻轻靠在传输带上即可，同时可以减少扫描误差。

3. 扫描前将待测叶片逐一摘下，用布擦掉叶片表面的水珠和泥土，避免将传送带弄脏。

4. 在更换灯管时，也可以拆下仪器前方的灯座进行更换，如图 6 – 14 画圈位置所示。

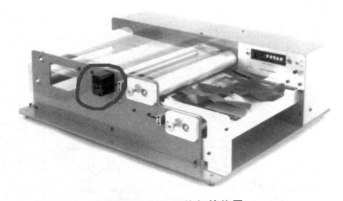

图 6 – 14   更换灯管位置

第七章 环境地学实验案例

第一节 内蒙古大青山自然保护区生物多样性监测

 一、内蒙古大青山国家级自然保护区概况

内蒙古大青山国家级自然保护区属于森林生态系统类型的超大型自然保护区，位于呼和浩特、包头、乌兰察布市境内。东起乌兰察布市卓资县头道北山山脊，西至包头市昆都仑河谷，南起包头市土默特右旗沟门，北至乌兰察布市卓资县后房子村。地理坐标为 40°34′ ~ 41°14′N，109°47′ ~ 112°17′E，总面积近 40 万 hm²。

内蒙古大青山位于中国十大山脉之一的阴山山脉中部，阴山山脉横亘于内蒙古自治区中部，东段进入河北省西北部，连绵 1200 多 km，南北宽 50 ~ 100km，是黄河流域的北部界线，是季风与非季风分界线，也是中国古代游牧文化与农耕文化的分界线。

保护区山体相对高度 800 ~ 1000m，最高峰九峰山海拔 2338m，大青山山体高大，西高东低，呈东西方向坐落于草原区内，是蒙古高原草原区与黄土高原草原区的分水岭。大青山南北坡明显不对称，北坡平缓，剥蚀残余的低山丘陵和盆地交错分布，逐渐与蒙古高原连在一起；南坡陡峭，为明显的构造断块地形，断层崖被侵蚀切割，形成一系列断裂三角面，形势险峻。山麓分布有侵蚀残余的低山和众多的山沟，雨后洪流破山而出，造成复式带状洪积扇裙。山沟为流水侵蚀成为宽谷后，往往形成山南与山北的交通孔道。

大青山仿佛是一座巨大的天然屏障，同时阻挡了南下的寒流与北上的湿气，因此，阴山南北气候差异显著，是草原与荒漠草原的分界线。南麓的雨水较为充沛，山上和山北气温较低，年均气温 0℃ ~ 4℃，山峰与山麓相差 4℃ 左右，无霜期较短，山上和北坡无霜期约为 100 天，比南坡生长季约短 1 个月。以呼和浩特和武川相比，两地直线距离仅 40 公里，年降水量相差 76mm。山脉的屏障作用甚为明显。使其南北形成两种截然不同的气候类型，成为划分中国暖温带与中温带之界限。

保护区山地东经灰腾梁台地与冀北山地相连，西经乌拉山、狼山与贺兰山、北大山、马鬃山相通，形成了一条连接和沟通东北、华北、西北动植物区系的过渡带和大通道，构成了一条环内亚干旱、半干旱区南缘的生态交错带。这条生态交错带在我国北方草原区占据了一个独特的生态区域，成为干旱、半干旱区和诸多大型动物活动的通道，在维护和保持荒漠草原生态稳定性方面具有重要的意义。

目前大青山自然保护区记录的有种子植物 86 科 390 属 908 种，保护区内有国家 II 级保护野生植物 1 种，即蒙古扁桃（Prunus mongolica Maxim）；自治区 II 级保护植物 11 种，III 级保护植物 7 种。

保护区内有苔藓类植物 37 科 90 属 163 种 1 亚种 6 变种，其中苔类 11 科 12 属 16 种；藓类 26 科 78 属 147 种 1 亚种 6 变种。蕨类植物共 11 科 14 属 26 种，高等真菌 333 种。

在动物界中，记录到昆虫有 26 目 243 科 1512 种；蛛形纲 1 目 21 科 124 种。有记录脊椎动物 5 纲 27 目 68 科 145 属 248 种。其中，国家 I 级保护野生动物有 4 种，即金雕、黑鹳、胡兀鹫、雪豹；国家 II 级保护野生动物共有 20 种，如雀鹰、大狂、秃鹫、猎隼、燕隼、红脚隼、雕鸮、长耳鸮、斑羚等。

二、森林生态系统长期定位监测

（一）森林生态系统长期固定样地监测

森林生态系统长期固定样地（long-term forest ecosystem observation plot）在典型森林地段上，通过选定具有代表群落基本特征（如种类组成、群落结构、层片、外貌以及数量特征等）的地段作为森林生态系统长期定位监测样地，获取森林生态系统结构参数的样地监测数据，并对森林生态系统内的水文、土壤、生物多样性、健康状况等方面进行长期定位监测研究而设置的固定样地。

（二）监测目的

通过选定具有代表性群落基本特征的地段作为森林生态系统长期定位监测样地，获取森林生态系统结构参数的样地进行监测数据，为森林生态系统水文、土壤、气候等监测提供背景资料。同时，揭示森林生态系统生物群落的动态变化规律，为深入研究森林生态系统的结构与功能、森林可持续利用的途径和方法提供数据服务。

（三）监测内容

本监测的主要内容包括生物多样性监测、重点植物与生境状况监测，具体监测项目包括：乔木层监测群落中所有乔木种的胸径、树高、冠幅、郁闭度、密度等。灌木层监测灌木种的株数（丛数）、株高、基径、盖度和多度等。草本层监测草本植物的种类、数量、高度、多度和盖度等。层间植物：监测藤本植物的藤高、蔓数、基径和藤冠等；附（寄）生植物的附（寄）主种名、多度等。

三、长期定位操作规程

（一）全站仪应用

1. 全站仪结构。

全站型电子速测仪简称全站仪，又称电子全站仪。主要由测角部分、测距部分和微处理机（CPU）三部分组成。微处理机是全站仪的核心部件，主要由寄存器系列（缓冲寄存器、数据寄存器、指令寄存器）、运算器和控制器组成。

2. 全站仪工作原理。

全站仪是一种集光、机、电为一体的新型测角仪器，是把测距、测角和微处理机等部分结合起来形成一体，能够自动控制测距、测角、自动计算水平距离、高差、坐标增量等的测绘仪器，同时可自动显示、记录、存储和输出数据。

3. 全站仪使用。

（1）水平角测量：按角度测量键，使全站仪处于角度测量模式，照准第一个目标A。设置A方向的水平度盘读数为 $0°00′00″$。然后照准第二个目标B，此时显示的水平度盘读数即为两方向间的水平夹角。

（2）距离测量：

设置棱镜常数：测距前需输入棱镜常数，仪器将自动对所测距离进行修正。

设置大气改正值或气温、气压值：光在大气中的传播速度会随大气温度和气压而变化，15℃ 和一个标准大气压是仪器设置的一个标准值，此时的大气改正值为 0ppm（cm^3/m^3）。实测时，输入温度和气压值，全站仪将自动计算大气改正值（直接输入大气改正值），并对所测距离进行改正。将仪器高、棱镜高等参数输入全站仪。

距离测量：照准目标棱镜中心，按测距键，距离测量开始，测距完成时显示斜距、平距、高差。全站仪的测距模式包括精测模式、跟踪模式、粗测模式。精测模式是最常用的测距模式，测量时间约 2.5 秒，最小显示单位 1mm；跟踪模式，常用于跟踪移动目标或放样时连续测距，测量时间约 0.3 秒，最小显示单位一般为 1cm；粗测模式，测量时间约 0.7 秒，最小显示单位 1cm 或 1mm。在距离测量时，可按测距模式（MODE）键选择不同的测距模式。

（3）坐标测量：设定测站点的三维坐标。设定后视点的坐标（或设定后视方向的水平度盘读数）为其方位角，此时全站仪会自动计算后视方向的方位角。将仪器高、棱镜高等参数输入全站仪，照准目标棱镜，按下坐标测量键，全站仪开始测距并计算显示测点的三维坐标，如图 7-1 所示。

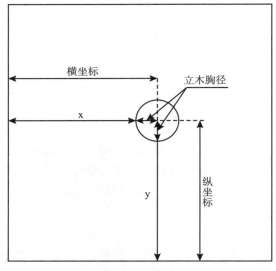

图 7 - 1 坐标测定示意

（二）样地设置

1. 样地选择。

主要包括样地选择、样地设置体系、样地设定、绘制样地数字地形图、林木定位与标识等。

样地选择要求：（1）样地设置在所调查生物群落的典型地段。（2）植物种类成分的分布均匀一致。（3）群落结构要完整，层次分明。（4）样地条件（特别是地形和土壤）一致。（5）样地用显著的实物标记，以便明确监测范围。（6）样地面积不宜小于森林群落最小面积。（7）森林生态系统动态监测大样地面积定为 3 亩，形状为长方形（30m×66.7m）。

2. 样地设置体系。

采用网格（络）法区划分割，首先区分 10m×66.7m 标准样地，再进行 10m 样方，余 6.67m×10m 样方。

3. 样地设置步骤。

全站仪定基线：在选定的小图斑内，根据地形情况，首先设定样地 66.7m 长边基线。

在基线的垂线上放样：在基线上每隔 10m 定出一个样点，在每个样点上安置全站仪，按照基线垂直方向，定出基线的垂线，并在垂线上每隔 10m 定出一个样点，将各样点连接，即可确定样地及其 10m×10m 样格，以及余下 10m×6.67m 样格。

样地边界处理：采用距离缓冲区法，即在样地内的四周设置带状不少于 5m 的缓冲区，缓冲区不做调查。

4. 林木定位与标识。

对样地内胸径≥1.0cm 乔木分别定位。采用极坐标法，在 30m×66.7m 的大样地内用罗盘仪与皮尺相结合对树木进行准确定位。用林木标识牌对所定位的每株林木进行编号并标识。林木编号以 10m×66.7m 的样地为单位，对每个样地内的林木编号，第一行为样地编号，第二行为林木编号。

 ## 四、长期定位监测方法

（一）样地基本情况监测

首先监测样地的基本情况，描述内容主要包括植物群落名称、郁闭度、地貌地形、水分状况、人类活动等，如表 7-1 所示。

表 7-1　　　　　　　　　　　　　大样地基本信息监测表

样地编号：　　　　　　　　监测时间：　　　　　　　　经纬度：E _____ N

植物群落	郁闭度	地貌地形	水分状况	土壤质地	人类活动	其他

监测单位：　　　　　　　　监测员：

（二）乔木层监测

乔木层具体监测方法如下：

1. 准确鉴定并详细记录群落中所有植物种的中文名、拉丁名，对于不能当场鉴定的，应采集带有花或果的标本，带回实验室鉴定。没有花或果的做好标记，以备在花果期进行鉴定。

2. 木调查，对样地内胸径 ≥1.0cm 的各类树种的胸径、树高等进行逐一测定，并做好记录，每测一株树要进行编号，并记录乔木层监测表，如表 7-2 所示。

表 7-2　　　　　　　　　　　　　　乔木层监测表

样地编号：　　　　　　　　监测时间：

样方号	树号	坐标值 (x 轴，m)	坐标值 (y 轴，m)	中文名	拉丁名	树高 (m)	胸径 (cm)	枝下高 (m)	冠幅			备注
									东西	南北	平均	

监测单位：　　　　　　　　监测员：

胸径测定采用围尺测量地面向上 1.3m 处树干，当树高 1.3m 处出现不规则现象，可按图 7-2 示意方法确定测量位置。在测树高时应以测量者看到树木顶端为条件，以

"m"为计量单位。冠幅的测量,以两个人一组,一个人拿着皮尺贴树干站好,另一个人拉住皮尺的另一端向东、南、西、北四个方向转一圈,测定其冠幅垂直投影的宽度。

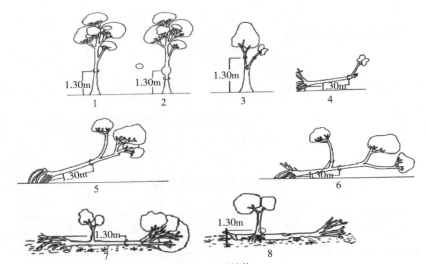

注:图中的2、3、6应分别测量"○"处,取平均值。

图7-2 树木胸径测量标准示意

3. 按大样地监测群落郁闭度,然后按每木调查数据,计算林分平均高度、平均胸径。

(三)灌木层监测

采取样线法对样地内灌木层进行监测,记录灌木种名(中文名和拉丁名),调查株数(丛数)、株高、盖度。多度测定,采用目测估计法,用 Drude 的 7 级制划分。密度测定和盖度测定,采用样线法,即根据有植被的片段占样线总长度的比例来计算植被总盖度。具体监测指标如表7-3所示。

表7-3　　　　　　　　　　　　　　　灌木层监测表

样地编号:　　　　　　　　　　　　监测时间:

序号	中文名	拉丁名	株数/丛数	盖度(%)	高度(cm)	基径	多度	备注

监测单位:　　　　　　　　　　　　监测员:

(四)草本层监测

采取样线法对样地内草本层进行监测,调查并记录草本层种名(中文名和拉丁名），调查草本植物的种类、数量、高度、多度、盖度。具体监测指标如表7-4所示。

表7-4 草本层监测表

样地编号： 监测时间：

序号	中文名	拉丁名	株数/丛数	盖度（%）	高度（cm）	多度	备注

监测单位： 监测员：

（五）层间植物监测

层间植物主要以藤本植物和附（寄）生植物为主。藤本植物监测主要包括记录种名（中文名和拉丁名），调查基径、长度、蔓数，如表7-5和表7-6所示。附（寄）生植物监测主要包括记录种名（中文名和拉丁名）、多度、附（寄）主种类。

表7-5 藤本植物监测表

样地编号： 监测时间：

序号	中文名	拉丁名	藤高（cm）	蔓数	基径（cm）	长度（cm）	藤冠（m）			备注
							东西	南北	平均	

监测单位： 监测员：

表7-6 附（寄）生植物监测表

样地编号： 监测时间：

序号	中文名	拉丁名	附（寄）主名	多度	备注

监测单位： 监测员：

（六）幼树幼苗观测

乔木更新层中，胸径<0.1cm或树高<1.3m，且高度>0.25m的定义为幼树，同灌木层一起观测。高度<0.25m的定义为幼苗，同草木层一起观测。幼树和幼苗只进行检尺，不进行定位和挂牌。幼树和幼苗观测内容如表7-7所示。

表 7 -7		幼树和幼苗观测表				

样地编号：　　　　　　　　　　　监测时间：

序号	中文名	拉丁名	高度（m）	基径（cm）	生长状况	备注

监测单位：　　　　　　　　　监测员：

（七）监测频率

一般为 5a 监测一次。

五、长期定位数据处理

（一）读取数据

将全站仪与电脑连接，选择"读取全站仪数据"，选择"CASS 坐标文件"，输入文件名，点击"转换"，将全站仪里的数据转换成标准的 CASS 坐标数据。

（二）绘制平面图

按下列程序进行：

1. 根据输入坐标数据文件的数据大小定义屏幕显示区域的大小，以保证所有点可见。

2. 在"绘图处理"菜单选择"定显示区"，输入文件数据文件名及其相应路径，打开后系统自动找到最小和最大坐标并显示在命令区，以确定屏幕上的显示范围。

3. 选择"测点点号法"成图，在右侧菜单"定位方式"中选取"测点点号"，输入坐标和坐标数据文件名，打开后系统将所有数据读入内存。

4. 展点，在"绘图处理"菜单选择"展野外测点点号"项，输入坐标数据文件名，打开后所有点以注记点号形式展现在屏幕上。

5. 绘平面图，根据草图通过人机交互绘制、编辑，删除点名。

（三）绘制等高线

1. 在"绘图处理"菜单选择"展高程点"项，输入数据文件名，确认。

2. 在"等高线"菜单中选择"建立并显示 DTM"项，根据提示输入、确认完成数字高程模型的建立。

3. 用鼠标选择"等高线"菜单下的"绘等高线"项，根据系统命令行窗口提示进行操作，完成等高线的绘制。

4. 选择"等高"菜单下的"删三角网"项，删除三角网。

5. 把绘制好的样地数字地形图根据使用要求输出。

第二节 荒漠草原土壤风蚀定位监测

 一、研究区概况

研究区位于达尔罕茂名安联合旗东南部的希拉穆仁镇境内（又称召河），该旗行政隶属于包头市，位于内蒙古自治区中部、阴山北麓乌兰察布草原，距自治区首府呼和浩特 80km，呼—百公路东南—西北向穿越全镇，交通便利，是内蒙古著名的草原风情旅游胜地。研究区的地理位置为 41°02′48″N – 41°24′43″N，111°11′15″E – 111°12′14″E，研究区平均海拔 1600m，此处地形既有剥蚀地形，又有冲积、堆积地形。

研究区属中温带半干旱大陆性季风气候，其特点是冬季漫长严寒，夏季短促温凉，昼夜温差大，寒暑变化强烈。降雨量少且年际和月际悬殊，蒸发量大，风大风多，无霜期短，光能资源丰富，热量不足，但有效积温较多。研究区年均太阳总辐射量为 142.45 千卡/cm²，多年平均日照时数 3172，年平均气温 3.4℃，≥10℃ 年积温 2298.9℃，无霜期 106 天左右。多年平均降水量为 255.6mm，55% 降雨集中在 7、8 两月，年湿润度为 13% ~31%。多年平均蒸发量 2227.3mm，是降水量的 7.9 倍。多年平均风速 5.2m/s，全年主要风向为北风和西北风，全年≥17m/s 大风日数为 68 天，沙尘暴日数 20 ~25 天。

研究区主要分布有栗钙土和草甸土类，其中栗钙土包括草甸栗钙土、典型栗钙土和沙化栗钙土亚类，草甸土为盐化草甸土亚类。土壤有机质较高，为 2% ~4%，全磷 0.1% ~0.15%，全钾 2% ~3%，全氮 0.1% ~0.2%，pH 为 8 ~8.5；栗钙土类土壤上层厚度在 30 ~40cm，土壤有机质含量 1% ~2%，全磷 0.08% ~0.15%，全钾 2% ~2.5%，全氮 0.1% ~0.15%，pH 为 8 ~8.5，下层有 20 ~40cm 厚度不等的钙积层。

希拉穆仁草原属低山丘陵干草原类型，优势植物主要有克氏针茅、冷蒿、糙隐子草、冰草和羊草，为典型草原群落结构。

 二、试验设备和试验方案

（一）野外试验设备

北京师范大学地理与遥感学院和内蒙古师范大学地理科学学院于 2007 年在典型荒漠草原希拉穆仁（具体地点为召河）建立了该项研究的野外观测站，该观测站也是水利部牧区水利科学研究所草地水土保持生态监测试验基地。该研究项目的野外试验设备主要包括：1 个风速仪和 19 组集沙仪。

（二）风速仪

野外观测基地布设有高度 1.5m 和 2m 的两个风速仪，如图 7-3 所示。1.5m 高度的风速仪的型号为：Box Car Pro 4.3。其位于 18 号集沙仪附近，如图 7-3（A）所示。另一个 2m 高度的风速仪是 UGT 风蚀测量系统中所带的风速仪器，如图 7-3（B）所示。

（A）1.5m风速仪示意　　　　　　　　　　（B）2m风速仪示意

图 7-3　试验基地风速仪示意

（三）集沙仪

研究基地包括两种集沙仪：一种是专门设计的按圆形布局的 19 组集沙仪，另一种是 UGT 风蚀测量系统中所带的集沙仪。

野外试验集沙仪整体布设位置如图 7-4 所示，包括 19 组集沙仪，用水泥墩子、钢管和铁丝固定在地面上，构成一个直径为 80m 的圆形。相邻集沙仪相隔 1.2m，减少集沙过程互相干扰。

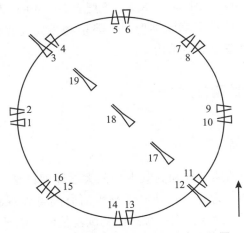

图 7-4　野外试验集沙仪整体布设位置

　　每组集沙仪上安有 6 个集沙盒,由下到上各集沙盒进沙口的高度分别为:0～5cm,15～20cm,30～35cm,45～50cm,95～100cm,145～150cm,这样一个方向上不同高度的集沙仪可以测量输沙量垂直分布,如图 7－5 所示,其中集沙盒是由北京师范大学地理与遥感学院刘宝元教授课题组研发,单个集沙盒规格参数为长 28cm,上底宽 2cm,下底宽 8cm,进沙口面积 2cm×5cm,排气口面积 80cm²,如图 7－6 所示,集沙仪的采集效率 80％左右。

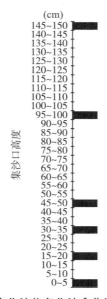

图 7－5　单套集沙仪各集沙盒集沙口布设位置

　　(A) 集沙仪全图　　　　　　　　　　　(B) 集沙仪上单个集沙盒

图 7－6　野外集沙仪

(四) UGT 风蚀监测系统

UGT 风蚀测量系统为德国 UGT 公司产品。由气象测量单元和集沙仪组成,配备

30W 太阳能供电装置。气象单元配置传感器如表 7 - 8 所示。半个小时测一次，一个月录入一次数据。

表 7 - 8　　　　　　　　　　**UGT 风蚀系统气象单元传感器配置**

序号	型号或厂家编号	名称	数量	备注
1	211300 UGT	数据采集器	1	15 位 A/D，24 个输入通道，512M 内存
2	165100 UGT	风向传感器	1	精度 1°，测量范围：0 ~ 360°
3	164100 UGT	风速传感器	1	测量范围：0.5 ~ 40 米/秒
4	169100 UGT	空气温湿度传感器	1	温度测量范围：-30℃ ~ 50℃，精度 0.1℃；湿度测量范围：0% ~ 100% RH
5	PT100	土壤温度传感器	1	测量范围：-30℃ ~ 50℃
6	Trime - IT TDR	土壤水分传感器	2	测量范围，0% ~ 40% 时精度 ±1%，含水量 40% ~ 70% 精度 ±2%，重复测量精度 ±0.5%

集沙仪为被动式（指排气方式），5cm 直径圆管形单进风（沙）口，工作时由调向叶片控制可以始终朝向来风方向。风蚀物收集于密闭腔室的容器（不锈钢箱体）内，自动称重电子天平精度 0.1g，测量范围 0 ~ 1200g。集沙仪内部结构和风蚀观测系统外观分别如图 7 - 7、图 7 - 8 所示。此外，在研究过程中，还结合了牧区水利科学研究所在该研究区布设的 UGT 风蚀监测系统。

图 7 - 7　UGT 风蚀测量系统

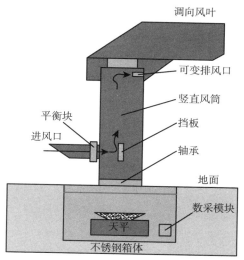

图7－8　集沙仪内部结构

三、野外取样及试验方法

（一）风速仪观测

风速仪数据每月录一次数据。对比野外 1.5m 高度的风速仪数据和利用 UGT 风蚀仪器中风向传感器和风速传感器分别测得的风向和风速数据，UGT 风蚀仪器测得的风速和风向数据更为准确。因此，本监测所涉及的风速、风向数据均采用 UGT 风蚀仪器测得的数据。

将所测数据进行统计，计算出每月平均风速和每个季节的风向频率，以及全年风向频率玫瑰图。统计全年月平均风速、各季度风向频率。

（二）风沙流结构观测

由于 UGT 风蚀测量系统中集沙量用自动称重电子天平测得数据与实际野外工作测得数据相差较大，因此本监测所有的风沙流的集沙量均用专门布设的 19 组集沙仪数据进行分析。

野外集沙仪中集沙量的收集是每月收集一次，首先将固定的集沙盒用螺丝刀拧松，然后取下（见图 7－9），用平板车将所有集沙盒带回实验室，将集沙盒打开，用毛刷扫干净集沙盒，并装入铝盒中，放在 105℃ 的烘箱内烘 5～7 个小时后称重记录，并将样品收集到密封袋内，去实验室做样品粒径分析。

统计 8 个方向不同高度各月集沙量的值，可以研究风沙流结构在垂直方向上的变化规律，以及风沙流在水平方向上的变化规律。

（A）野外卸集沙盒

（B）用车将集沙盒运回实验室

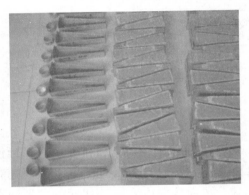

（C）将集沙盒土样收集到铝盒

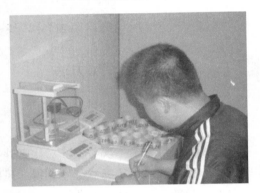

（D）烘干后称出对应集沙盒土重

图7－9　野外试验

（三）UGT风蚀监测系统的观测

利用UGT风蚀仪器系统中的空气湿度传感器、土壤水分传感器、土壤温度传感器分别测定：空气湿度、空气温度、土壤含水量、土壤温度。其中，土壤水分传感器埋置深度在5cm（在中心支柱两侧约2m处），因此所测的土壤含水量是地表5cm处的土壤含水量。

UGT模块是和数据采集器集成在一起的，转换程序固结在硬件中。通过专用下载程序对仪器系统采集方式进行设置，通过多次试验，考虑研究的必要性和数据采集器的储存空间等因素，确定每半个月采集一次数据。所有UGT仪器系统（风蚀、水蚀）的设置、下载程序是统一的，只不过不同仪器有不同的项目文件（Project，文件后缀为".upr"）。项目文件由厂家提供，安装程序后，拷贝后安装目录下的".exe"文件夹中。运行程序后，针对仪器打开相应的"*.upr"，然后连接设备，执行各种命令，完成相应的任务，程序界面如图7－10所示。

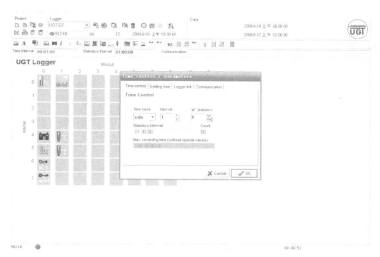

图 7 – 10　UGT 风蚀观测仪器系统设置/下载程序界面

（四）地表植被变化观测

利用样方测调查法测得研究区植被覆盖度和植被高度，每年的 6 ~ 8 月对研究区随机做三个 1×1 的样方，目测得到地表植被覆盖度，用尺子测量植被高度，如图 7 – 11 所示。

（A）野外测植被盖度　　　　　　　　　　　　（B）野外测植被盖度

图 7 – 11　野外打样方

第三节　不同侵蚀强度农田作物动态生长监测

一、研究区概况

研究区位于黑龙江省农垦总局九三分局的鹤山农场境内，地理位置 48°43′ – 49°03′

N，124°56′－126°21′E 之间。试验在位于该农场的北京师范大学九三水土保持试验站进行。该区地处小兴安岭西南麓、小兴安岭向松嫩平原过渡的漫川漫岗地带，地形起伏不大，有坡长坡缓的特征，海拔 310～390m，坡度大多数在 3°～6°之间，坡长多为 2000～4000m。

气候属寒温带大陆性季风气候，四季分明，冬季漫长寒冷干燥；夏季较短，炎热多雨，冬夏温差较大。冬季 1 月最冷，平均气温为 －22.5℃，最冷气温可达到 －43.7℃；夏季 7 月最热，平均气温为 20.8℃，最高气温可达到 37℃。年平均气温在 0.4℃左右。无霜期 110～120 天左右。多年平均年降水量 534mm，降雨年际变化大，年内分布不均匀，主要集中在 6～8 月，占年降水量的 66.6%。

试验所选的不同侵蚀强度黑土来自鹤北流域，面积为 28km²，土壤主要是黑土和草甸土。黑土面积最大，以典型黑土为主，主要分布在平岗地和缓坡地。根据中国土壤系统分类，黑土属于湿润均腐土（Udic Isohumisol），美国农业部土壤分类（USDA）中属于湿润软土（Udic Argiboroll），在联合国世界土壤图图例单元（FAO/UNESCO）中划分为淋溶黑土（Luvic Phaeozem）。黑土的上部以黏土层为主，中下部砂质增多或为砂黏间层，底部则为砂砾层为主。土壤的容重介于 1.0～1.5g·cm⁻³，平均为 1.27g·cm⁻³。土壤有机质一般为 3%～5%。黑土表层黏土含量多，土壤持水能力高，渗水和透水性能力差，这样的土壤性质，导致表层易产生径流，从而导致土壤流失。随着土壤侵蚀的发生，表层黑土层变薄到出现破皮黄，表层土壤从黏土含量高变为砂粒含量增加，土壤持水性能发生了很大的改变。

流域内农业用地总土地面积的 62.4%，大豆和玉米是当地主要的经济作物。农业管理方式为大机械化农业，包括机械化的翻耕、播种、喷药、施肥和收割。研究区的地块用林带划分，耕作方式主要是平行于林带进行起垄行播，包括横坡、顺坡和斜坡耕作。其中斜坡耕作为主，顺坡次之，横坡耕作最少。经过长期的耕作，不同地块所遭受的侵蚀强度不同：一般以横坡为主地块，侵蚀强度最轻，黑土层的厚度较厚；以顺坡为主的地块，侵蚀强度最严重，黑土层厚度很薄甚至消失出现破皮黄；介于二者之间的斜坡耕作地块，由于坡度或坡位的差异，侵蚀强度略有差异，黑土层厚度也随之变化。在 50 年前，黑土层厚度在 60～80cm。现在，坡地黑土层厚度多为 20～30cm，在顺坡种植的地块已经出现破皮黄，大部分斜坡种植坡面的中上部，黑土层厚度很薄（20～30cm），坡下部相对较厚（30～40cm）。

二、不同侵蚀强度黑土的确定

研究区土壤为典型黑土，典型土壤剖面特征分为 A－B－C，A 层为黑土层，该层颜色很暗，受耕作施肥影响，土质疏松，以壤质为主；B 层为过渡层，土壤颜色变浅，主要是黑棕色，在翻耕作用下，耕作层的细土粒下移沉淀，质地较黏重，土层紧实；C 层为母质层，不受耕作层影响，为黄黏土、黄沙土或砾石。遭受侵蚀后，往往导致黑土层变薄甚至消失，直接出露其下过渡层或母质层。由于侵蚀强度的不同，土壤表面残留黑土的厚度不一。假设黑土层厚度为 60～80cm，按照土壤发生层的侵蚀强度分级，轻度侵蚀是 A 层保留厚度大于 1/2（30～40cm），B、C 层保留完整；中度侵蚀是 A 层保留厚度大于 1/3（20～27cm），B、C 层保留完整；强烈侵蚀是 A 层无保留，B 层受到剥蚀，开始裸露。

^{137}Cs 可以示踪流域上的土壤侵蚀量、土壤再分配速率及土壤的堆积情况。^{137}Cs 作为示踪源，已被广泛地应用于土壤侵蚀研究中，根据黑土区水土流失综合防治技术指标规定土壤侵蚀强度分级标准为：轻度侵蚀，侵蚀速率为 200～1200t·km^{-2}·a^{-1}；中度侵蚀，侵蚀速率 1200～2400t·km^{-2}·a^{-1}；强烈侵蚀，侵蚀速率为 2400～3600t·km^{-2}·a^{-1}；极强烈侵蚀为 3600～4800t·km^{-2}·a^{-1}；剧烈侵蚀是大于 4800t·km^{-2}·a^{-1}。

在流域内根据土层剖面特征和 ^{137}Cs 测定的土壤侵蚀速率，最终确定了三种侵蚀强度黑土的具体采样位置（见表 7－9）。盆栽试验中三种侵蚀强度黑土为：一是轻度侵蚀黑土（L），位于等高耕作的坡中，坡度为 2.0°，黑土层较厚（A 层厚度为 30cm）且有过渡层，平均多年的侵蚀速率为 1064t·km^{-2}·a^{-1}。二是中度侵蚀黑土（M），位于斜坡耕作的坡中，坡度为 2.4°，黑土层很薄（A 层厚度为 20cm），且与过渡层的耕作混合熟化，平均多年的侵蚀速率为 1550t·km^{-2}·a^{-1}。三是强度侵蚀黑土（S），位于顺坡耕作的坡中，坡度为 3.1°，无黑土层（A 层厚度为 0cm），出现破皮黄，且与母质的耕作混合不断熟化，平均多年的侵蚀速率为 7951t·km^{-2}·a^{-1}。

表 7－9　　　　　　　　三种侵蚀强度黑土剖面特征和侵蚀速率

侵蚀强度	编号	AB（cm）	B（cm）	C（cm）	^{137}Cs（t·km^{-2}·a^{-1}）	地貌部位	坡度（°）	耕作方式
轻度	L	30	25	55	1064	坡中	2.0	等高耕作
中度	M	20	20	40	1550	坡中上	2.4	斜坡耕作
强度	S	0	15	15	7951	坡中上	3.1	顺坡耕作

确定三种侵蚀强度黑土后测定 0～30cm 土壤的理化性质，其中每种侵蚀强度黑土取 3 个重复，共 9 个土样（见表 7－10）。土壤田间持水量和凋萎湿度分别采用威尔科克斯

表 7－10　　　　　　　　三种侵蚀强度黑土 0～30cm 理化性质

侵蚀强度	FC（%）	WP（%）	TAW（%）	砂粒（%）	粉粒（%）	粘粒（%）	土壤容重（g·cm^{-3}）	有机质（%）	碱解氮（mg·kg^{-1}）
轻度	38.8	15.2	23.6	30.82	34.30	34.88	1.23	5.85	240.67
中度	25.5	10.1	15.4	43.34	24.95	31.71	1.47	4.56	156.74
强度	17.3	6.7	10.6	68.13	15.35	16.52	1.67	1.96	156.73

注：FC——田间持水量；WP——凋萎湿度；TAW——有效含水量（田间持水量和凋萎湿度之差）。

法和栽培法测定；机械组成采用吸管法测定，粒径划分按照国际标准（砂粒：2 ~ 0.02mm；粉粒：0.02 ~ 0.002mm；粘粒：< 0.002mm）；土壤容重、有机质和碱解氮分别采用环刀法、重铬酸钾氧化 – 外加热法和碱解扩散法测定。

 三、土壤理化性质测定

（一）土壤容重、孔隙度土样采集与测定

土壤容重、孔隙度的土样用体积 100cm³ 的环刀采取，每个调查点采集 20cm、40cm、60cm、80cm 4 个深度的土样，每个深度取 3 个重复，共计 180 个环刀样。采样时，从上到下依次整层地均匀地取土，在各采样深度挖长 50cm、宽 40cm 的土面，将土面铲平，去除环刀两端的盖子，再将环刀（刀口端向下）平稳压入土中，在土柱冒出环刀上端后，用铁铲轻轻挖掉周围的土壤，取出环刀，用剖面刀将环刀两端多余的土壤削去，使环刀内的土壤体积恰为环刀的容积。将环刀两端的盖子盖上，擦去环刀外的泥土，用皮筋固定环刀以防土样漏出。在记录纸上记好调查点地块编号、采样深度、环刀编号等。同时，在紧靠环刀采样处，用铝盒取 10 ~ 15g 土样，每个采样点每层取 3 个重复，共计 180 个铝盒样，在记录纸上记好调查点地块编号、采样深度、铝盒编号等。

在野外取好土样带回试验站后，先将环刀表面沾有的杂质擦拭干净，称重，记录重量 m_1。然后将环刀顶盖打开，把环刀置于平底托盘里，加水，水面不要高于底盖上端，让水分借毛管力的作用上升至土体中。水少时再往托盘里加水，保持原有的水面高度。从加水时算起，放置 12 小时，环刀的土体毛管中便充满了毛管水。随后，将环刀从瓷盘中取出，放置在底部悬空的木架上，静置 10 分钟（至不再滴水），使浸泡时充满非毛管孔隙中的部分非毛管水，受重力作用下渗，排除。然后盖上顶盖，用滤纸将环刀表面的附着水擦去，立即放于天平上称重，记录重量 m_2。然后再将环刀放回托盘中，注入水分至土样饱和，待恒重后称环刀和土样湿重。同时，测定铝盒中土样的土壤含水量，先称铝盒加鲜土重，然后将其放入烘箱内，105℃烘干，待恒重后称环刀加烘土重。计算公式如下：

$$土壤含水量 \ \omega(\%) = \frac{(鲜土重 - 烘干土重)}{(烘干土重 - 铝盒重)} \times 100\%$$

$$环刀内干土重(g) = \frac{100}{(100 + \omega)} \times 环刀内湿土重$$

$$土壤容重(g/cm^3) = \frac{环刀内干土重}{环刀容积}$$

土壤孔隙度是由土壤容重计算求得：

孔隙度计算采用中科院南京土壤研究所土壤物理室编的《土壤物理性质测定法》一书的算法，计算公式为：

$$孔隙度(\%) = 93.947 - 32.995 \times 土壤容重$$

毛管孔隙度采用《植被群落演替对土壤饱和导水率的影响》一文的算法，计算公式为：

$$毛管孔隙度(\%) = 土壤容重 \times 田间持水量$$

（二）土壤机械组成和化学性质土样采集与测定

土壤机械组成、化学性质的样品：每个调查点采集 20cm、40cm、60cm、80cm 4 个深度的混合土样，在环刀采样周围用小铲按 S 形路线采取，装入自封袋，每个自封袋装土 1kg 左右，在自封袋上贴好标签，注明调查点编号、采土深度等，共计 60 个土样。与此同时要做好采样记录。将土样在自然状态下风干后，分别过 2mm、1mm、0.149mm 的筛。测定机械组成的土样过 2mm 的筛，测定速效磷、速效钾的土样过 1mm 的筛，测定有机质、碱解氮的土样需过 0.149mm 的筛。同样，过完筛后的土样装入自封袋，贴好标签，注明调查点编号、采土深度。

机械组成的测定采用吸管法，分别测定土样中粘粒 < 0.002mm，粉粒 0.002 ~ 0.02mm，砂粒 0.02 ~ 2mm 的含量。土壤有机质采用重铬酸钾容量法测定。土壤碱解氮采用碱解—扩散法测定。土壤速效磷用碳酸氢钠浸提法测定。土壤速效钾采用醋酸铵浸提—火焰光度法。

（三）土壤水分特征曲线土样测定与计算

土壤水分特征曲线的土样用直径 4cm、高 1cm 的 PVC 环采取，采样前将 PVC 管加工成实验所需的标准环。每个调查点在 20cm、40cm、60cm 深度采样，每个深度的土壤做 7 个吸力下的土壤含水量，每个吸力 6 个重复，共计 1890 个土样。采样时，自上而下，整层地均匀地取土，在各采样深度挖约 1m 宽 1.5m 长的平面，将土面铲平，再将 PVC 环平稳压入土中，在土柱冒出 PVC 环上端后，用铁铲挖掉周围土样，取出 PVC 环，用剖面刀将 PVC 环两端多余土壤削去，并在 PVC 环外边做好标记，以标明取土方向。取土完后用胶带缠好 PVC 环土样，以保证土样的完整。将同一调查点同层土样装入一个自封袋，贴好标签，注明调查点地块编号、采样深度等信息。

土壤水分特征曲线的土样采用压力膜仪法。用 1600 型 5bar 压力膜仪测定土壤吸力在 0.3bar、0.5bar、1bar、3bar 下的土壤含水量，用 1500F1 型 15bar 压力膜仪测定土壤吸力在 5bar、10bar、15bar 下的土壤含水量。测定时，将 PVC 环采取的土样置于多孔压力板上，记录调查点地块编号、土样编号。将压力板和土样置于托盘内，缓慢注入水，水面不要没过 PVC 环。土样饱和后，将放有饱和土样的多孔压力板置于水分提取器内，加盖密封，调整气压到所需测定的土壤吸力值，保持气压不变。等水分不再从水分提取器内排出后，将气压调到 0 后开盖取样，把土样放入铝盒中，记录铝盒编号。称取铝盒加土样湿重，再将装有土样的铝盒放入烘箱内，105℃烘干，待恒重后称铝盒加土样干重，计算得到土壤含水量。对每个调查点同一层土壤在同一吸力下的 6 个重复土样含水量取平均值，得到一对基质势和土壤含水量值。调整气压继续实验，由此每个调查点每层土壤获得 7 对 （φ，θ），根据这些散点求得土壤水分特征曲线。

常用的土壤水分特征曲线模型有四大类：指数关系、幂函数、双曲线余弦函数和误差函数。多次研究数据表明，加德纳等 （Gardner et al.） 的幂函数可以很好地描述土壤水分持水特征曲线，适合我国大部分土壤，而且该模型待定参数少，在实际中应用方便。

用幂函数表达土壤水分特征曲线的经验公式为：

$$\varphi = a \cdot \theta^{-b}$$

其中，φ 为土壤水势 （bar），θ 为土壤体积含水量 （$cm^{-3} \cdot cm^{-3}$），a、b 分别为回归系数和指数。转换成以 φ 为自变量的形式为：

$$\theta = A \cdot \varphi^{-B}$$

其中，A 反映曲线的高低，指示持水能力大小。A 值越大，表明土壤持水能力越强，保持 A 值不变，B 值越大 （0≤B≤1），曲线越靠近 φ 轴，这说明 B 表示水分特征曲线与水势轴的贴近强度，反映了土壤水势值变化时，土壤含水量变化的快慢强度。

（四） 土壤水分常数土样采集与测定

测定的土壤水分常数指标包括毛管持水量、田间持水量和饱和含水量。测定 15 个检查点 20cm、40cm、60cm、80cm 深度的土样，每个深度取 3 个重复，共计 180 个土样。土样的采集方法与土壤容重土样采集方法相同。同时，在各调查点相应的土层取混合土样。

在采样之前称环刀和滤纸的重量 m_0，采集土样后带回实验室，将环刀表面沾上的土擦拭干净。同时，将采的混合土样风干后，过 2mm 的筛。先是毛管持水量的测定，取下环刀上盖，将环刀连同下盖 （有孔一侧） 放入托盘，向托盘内注水，水面不超过环刀下盖的顶端，环刀静置 12 个小时，记录环刀和土样的重量 m_1，之后间隔 4 个小时称重一次，恒重为止。饱和含水量的测定在测完毛管持水量之后，重新将环刀放入托盘内，向托盘内注水，水面不超过环刀上端，浸泡至土样饱和，记录环刀和土样的重量 m_2，间隔 4 个小时称重一次，恒重为止。测完饱和含水量之后，将环刀下盖打开，放在装有对应 2mm 风干土的环刀上，用砖压在环刀上静置 8 个小时，称取环刀和土样的重量 m_3。之后，将环刀和土样放入烘箱，在温度 105℃下烘干至恒重，记录环刀和土样重量 m_4。

$$毛管持水量(\%) = \frac{(m_1 - m_4)}{(m_4 - m_0)} \times 100\%$$

$$田间持水量(\%) = \frac{(m_3 - m_4)}{(m_4 - m_0)} \times 100\%$$

$$饱和含水量(\%) = \frac{(m_2 - m_4)}{(m_4 - m_0)} \times 100\%$$

四、大田作物生长季动态监测及作物产量测定

土壤含水量：大田调查点农作物出苗以后，每隔 10 天测定一次土壤含水量，用半

圆钻在调查点的 0~10cm、10~20cm、20~30cm 和 30~40cm 四个深度处取土，在紧邻采取生物量周围取土，每个深度取两个重复，每次采样共计 120 个土样。将土样装到铝盒里，每个铝盒装土约 15~20g，记录地块编号、取土深度、铝盒编号等信息。带回试验站后，称铝盒和土样湿重 m_1，然后放入烘箱，在 105℃条件下烘干至恒重，记录铝盒和土样烘干重 m_2。土壤含水量计算公式为：

$$土壤含水量（\%）= \frac{(m_1 - m_2)}{(m_2 - m_0)} \times 100\%$$

其中，m_0 为铝盒重。

作物生长动态：出苗后，每隔 10 天对作物进行观测，测定指标包括地上生物量鲜重、地上生物量叶面积、地上生物量干重、根系生物量干重。每次观测时，在调查点附近 2m 半径范围内，随机采集地上和根系生物量。

地上生物量的采集，农作物为小麦时，采 3 垄作物重复，每垄 20cm；农作物为大豆时，采 3 棵；农作物为玉米时，采 3 棵作为重复，分别装入信封，每次共计采取地上生物量 45 个样。地下生物量用高 15cm、直径 10cm 根钻获取，将根系样本装入提前做好的布袋（纱布，可渗入水）里，每次采 15 个根系样。同时记录地块编号、采样日期。地上生物量带回实验室内称鲜重，然后将叶片摘下并用固定式叶面积仪测量叶面积，再将地上生物量装回信封置于烘箱，用 105℃烘两个小时杀青后用 80℃烘干，取出称干重。记录鲜重、叶面积、干重。根系带回实验室后，先将其在清水中浸泡过夜，然后用流水清洗干净，之后放入盛有清水的玻璃槽中用扫描仪扫描，然后取出根系放入 80℃烘箱中烘干称重。

作物产量：收获时测定产量。每个调查点，小麦的采样是采 5 垄，每垄 1m 长；大豆的采样是在一垄上采 1m 长，3 个重复；玉米的采样是采 7 棵，其中 1 颗用来测植株含水量，剩下 6 颗测定产量。同时，测量各调查点的种植密度，包括行距、株距、垄距。测产时，先晒干称重；然后将小麦、大豆、玉米颗粒拨出来称重，数出百粒称重，之后放入烘箱，称百粒烘干重。测产的同时测量调查点的生物产量，计算调查点的收获指数（Harvest Index，HI）。计算公式如下：

$$HI = \frac{产量（t/ha）}{生物产量（t/ha）}$$

其中，产量是指作物收货时的籽粒和果实。

五、盆栽实验作物动态生长监测

为了更细致分析作物生长规律，同时采用了盆栽实验进行对照。采用直径 16cm，高 35cm 的 PVC 管制作盆栽。开春大田统一翻耕施肥后，取 0~30cm 的原状土，具体采样步骤（见图 7-12）：首先将 PVC 管放入一个类似于环刀结构的土壤采集器（直径 16.5cm，高 40cm）中，将土壤采集器放置到垄台上，然后利用电钻高频率地击打土壤采集器顶盖上的手柄，使其从地表垂直向下取土，当土壤采集器的顶盖高于地面 5cm

时，移开电钻停止击打。用铁锹挖开土壤采集器四周土壤，将其取出。打开土壤采集器的顶盖，倒置土壤采集器，取出 PVC 管，然后用剖面刀将 PVC 管底部的土壤削平，用涂有胶水的 PVC 底盖密封，最后将整个 PVC 管正放后完成 1 次原状土的采样。在取原状土时，用土钻分别取 0 ~ 10cm、10 ~ 20cm 和 20 ~ 30cm 土壤，测定取样时土壤质量含水量。

（A） （B） （C）

图 7 - 12　原状土采样过程

装有原状土的盆栽随机放到 3 个遮雨棚内，每个大棚长 6m，宽 3m，大棚彼此的间距 1.5m。每个大棚摆放 3 行，每行摆放 20 ~ 25 个盆栽，行距为 60cm。盆栽的 PVC 管顶部高出地表 5cm，实际装有土壤的 30cm PVC 管置于地表下。遮雨棚在无雨的情况下敞开，保证日照和通风，在降雨前合上大棚，使控水试验不受降雨影响。

盆栽种植两株大豆，折合到单位面积上大豆的种植密度为 100 株 m^{-2}，但大田大豆的实际种植密度为 36 ~ 40 株 m^{-2}，为了使盆栽试验结果与实际大田接近，凡是指标的单位涉及面积时，都乘以 0.36 进行校准。盆栽试验主要测定指标包括蒸散量、光合参数、生物量、叶面积、株高和产量（见图 7 - 13），具体测定和计算方法如下：

（1）蒸散量（ET）：大豆出现第一片真叶后，每隔 1 天称重控水。具体方法：将盆栽放到电子秤上，记录盆栽重量（PW），单位 g，然后根据盆栽设定的最终重量进行控水（DT），单位 g，最后将盆栽放回到原处。

$$ET = \left[(DT - PW) \times 10/\pi R^2 \right]/d \times 0.36$$

式中：ET——日平均蒸散量，mm；

　　　　R——盆栽的半径，取 8cm；

　　　　d——盆栽控水间隔天数，为 2 天。

（2）光合参数：2014 年在大豆开花—鼓粒期每隔 10 天利用 LI6400 在上午 10：00 ~ 12：00 测定大豆冠层顶部完全伸展开的叶片，每组控水水平测定三个重复，每片叶子记录三次数据。最终选用的光合参数有光合速率（Pn）、气孔导度（Gs）和蒸腾速率（Tr）。

（3）株高：毁盆时用尺子测量从土壤表面至大豆主茎的高度，测定大豆的株高，单位 cm。

图 7 - 13　盆栽试验监测过程

（4）叶面积指数：毁盆时用小刀割下盆栽内两株大豆，将两株大豆的所有叶片摘下，用 LI - 3100C 台式叶面积仪测定叶片的叶面积（LA）并记录。

$$LAI = \frac{LA}{\pi R^2} \times 0.36$$

式中：LAI——叶面积指数；

　　　　LA——叶面积，cm^2；

R——盆栽的半径，取 8cm。

（5）地上生物量：将测定完叶面积的所有叶片和植株体放入纸袋，先在 105℃ 的烘箱里烘 1 小时，然后降至 80℃ 下烘 24 小时，烘干后称重（b）并记录。

$$B = [b \times 100/\pi R^2] \times 0.36$$

式中：B——地上生物量，$t \cdot ha^{-1}$；

b——地上生物量重量，g；

R——盆栽的半径，取 8cm。

（6）地下生物量：用五尺锯把 PVC 管锯开，用剖面刀将土体分为三份，分别是 0～10cm、10～20cm 和 20～30cm。每层土体各套入网兜，外面系上塑料袋，并进行标记，放入水盆，浸泡 6 小时，用清水进行根系清洗。然后将根系先在 105℃ 下烘 1 小时，然后降至 65℃ 下烘 24 小时，烘干后称重（r）并记录。

$$R = [r \times 100/\pi R^2] \times 0.36$$

式中：R——地下生物量，$t \cdot ha^{-1}$；

r——地下生物量重量，g；

R——盆栽的半径，取 8cm。

（7）产量：在大豆成熟期，测定每个盆栽的风干后豆粒重量（y），最后根据盆栽面积折算成单位面积产量。

$$Y = [y \times 100/\pi R^2] \times 0.36$$

式中：Y——产量，$t \cdot ha^{-1}$；

y——豆粒重量，g；

R——盆栽的半径，取 8cm。

参 考 文 献

［1］ E. Ogren and J. R. Evans. Photosynthetic light-response curves I. The influence of CO_2 partial pressure and leaf Inversion Planta, 1993, 189: 182 – 190.

［2］ Holliday V T . Methods of soil analysis, part 1, physical and mineralogical methods (2nd edition), A. Klute, Ed. 1986, American Society of Agronomy, Agronomy Monographs 9 (1), Madison, Wisconsin. Geoarchaeology, 1990, 5 (1): 87 – 89.

［3］ Skillman J. B. Quantum yield variation across the three pathways of photosynthesis: Not yet out of the dark. J Exp Bot, 2008, 59: 1647 – 1661.

［4］ Yang W Q, Murthy R, King P, et al. Diurnal changes in gas exchange and carbon partitioning in needles of fast- and slow-growing families of loblolly pine (Pinus taeda). Tree Physiology, 2002, 22 (7): 489 – 498.

［5］ Ye Z. P. A new model for relationship between irradiance and the rate of photosynthesis in Oryza sativ Photosynthetica, 2007, 45 (4): 637 – 640.

［6］ 常香玲. 环境综合实验 ［M］. 北京: 化学工业出版社, 2012.

［7］ 国家环境保护局 . GB/T 15435 – 1995 环境空气 二氧化氮的测定 ［S］. 北京: 中国标准出版社, 1995.

［8］ 国家环境保护局 . GB/T 15262 – 94 环境空气 二氧化硫的测定 ［S］. 北京: 中国标准出版社, 1994.

［9］ 国家环境保护局 . GB/T 15435 – 1995 环境空气 总悬浮颗粒物的测定 ［S］. 北京: 中国标准出版社, 1995.

［10］ 国家环境保护局 . GB/T13200 – 1991 水质浊度的测定 ［S］. 北京: 中国标准出版社, 1991.

［11］ 国家环境保护局 . GB/T7488 – 87 五日生化需氧量的测定 ［S］. 北京: 中国标准出版社, 1987.

［12］ 国家环境保护局 . GB11914 – 87 化学需氧量的测定 ［S］. 北京: 中国标准出版社, 1989.

［13］ 国家环境保护局 . GB7489 – 87 溶解氧的测定 ［S］. 北京: 中国标准出版社, 1987.

［14］ 国家环境保护局 . GB6920 – 86 水质 pH 值的测定 ［S］. 北京: 中国标准出版社, 1986.

［15］ 国家环境保护局 . GB7477 – 87 水质 钙和镁总量的测定 ［S］. 北京: 中国标准

出版社，1987.

[16] 国家环境保护局国家技术监督局.GB/T17138－1997 土壤质量 铜、锌的测定 [S].北京：中国标准出版社，1997.

[17] 国家林业局.LY/T 1952－2011 森林生态系统长期定位观测方法 [S].北京：中国标准出版社，2011.

[18] 国家林业局.LY/T 1606－2003 森林生态系统定位观测指标体系 [S].北京：中国标准出版社，2003.

[19] 国家林业局.LY/T2241－2014 森林生态系统生物多样性监测与评估规范 [S].北京：中国标准出版社，2014.

[20] 华孟，王坚.土壤物理学（附实验指导）[M].北京：北京农业大学出版社，1993：278－280.

[21] 霍亚贞，李天杰.土壤地理实验实习 [M].北京：高等教育出版社，1986，6－14.

[22] 刘光崧.土壤理化分析与剖面描述 [M].北京：中国标准出版社，1996，13－14.

[23] 刘娟，梁军生，陈晓鸣等.思茅松干季光合生理日动态及光响应特征分析 [J].林业科学研究，2009，22（5）：677－682.

[24] 佩奇 A.L.土壤分析法（第二版，第二部分）[M].威斯康星州：美国农学会、美国土壤学会出版，1982：536－562.

[25] 全国农业技术推广服务中心.土壤分析技术规范 [M].北京：中国农业出版社，2006：12－13.

[26]《土壤水分测定方法》编写组.土壤水分测定方法 [M].北京：水利电力出版社，1986.

[27] 土壤学实验指导，（中国农业大学讲义，来源于网络）.

[28] 王静.荒漠草原表风沙流变化研究——以希拉穆仁草原为例 [D].呼和浩特：内蒙古师范大学，2012.

[29] 翁德衡，朱东晓（译校）.土壤物理性测定法（日本土壤物理性测定委员会编）[M].重庆：中国科学技术出版社重庆分社，1979：203－205.

[30] 许大全，光合作用学 [M].北京：科学出版社，2013.

[31] 叶子飘.光合作用对光和 CO_2 响应模型的研究进展 [J].植物生态学报，2010，34（6）：727－740.

[32] 张仁志.环境综合实验 [M].北京：中国环境科学出版社，2007.

[33] 赵烨.环境地学（第二版）[M].北京：高等教育出版社，2015.

[34] 中华人民共和国农业部.GB9834－88 土壤有机质测定法 [S].北京：中国标准出版社，1988.

[35] 中科院南京土壤所土壤物理研究室.土壤物理性质测定法 [M].北京：科学出版社，1978：83－85.